Rüdiger Kohl
Die Sektkelch-Strategie

Rüdiger Kohl

Die Sektkelch-Strategie

**Die Kunst der erfolgreichen
Differenzierung**

Bibliografische Information der Deutschen Nationalbibliothek

Die Deutsche Nationalbibliothek verzeichnet diese Publikation in der
Deutschen Nationalbibliografie; detaillierte bibliografische Daten sind
im Internet über http://dnb.d-nb.de abrufbar.

ISBN 978-3-89749-916-4

Lektorat: Ulrike Hensel; Claudia Lange
Umschlaggestaltung: Martin Zech, Bremen | www.martinzech.de
Umschlagfoto: Teest / photocase
Satz und Layout: Das Herstellungsbüro, Hamburg | www.buch-herstellungsbuero.de
Druck und Bindung: Aalexx Buchproduktion, Großburgwedel

© 2009 GABAL Verlag GmbH, Offenbach

Über aktuelle Neuerscheinungen und Veranstaltungen informiert Sie
der GABAL-Newsletter unter www.gabal.de

Inhalt

Der Preiskampf

Innovation als Ausweg

Kennen Sie den Spruch: »Das Bessere ist der Feind des Guten«? Für mich drückt dieser Satz aus, dass wir alle gerne die für uns jeweils bessere Option wählen. Dazu vergleichen wir, analysieren und wägen ab, welches Angebot am besten zu unseren Bedürfnissen passt. Nehmen Sie zum Beispiel den Aktienmarkt. Ganze Heerscharen von Analysten sind auf der Suche nach noch besseren Anlagemöglichkeiten. Im Sport führt dies zum Einsatz immer ausgereifterer Materialien und Trainingsmethoden, um die Leistungen immer weiter zu optimieren. Im Bereich der Konsumgüter werden in regelmäßigen Abständen neue Features in die Produkte eingebaut, um das Angebot des Wettbewerbs zu überflügeln.

Das Bessere ist der Feind des Guten

Ganz anders sind dagegen meine Beobachtungen im Innovationsprozess. Man hat fast den Eindruck, als ob in vielen Unternehmen auf eine Art göttliche Eingebung gewartet wird. Der Leitsatz im Innovationsprozess könnte lauten: »Wer zuerst kommt, mahlt zuerst.« Sobald eine neue Idee aufgekommen ist, wird sofort damit begonnen, nach geeigneten Realisationswegen zu suchen. Mit hohem Aufwand wird die Idee vorangetrieben. Stellt sich dann bei den Überlegungen zur Vermarktungsstrategie – aus welchen Gründen auch immer – heraus, dass die neue Idee nicht oder nur schwer vermarktet werden kann, fällt der Ausstieg oft nicht leicht.

Speziell bei Innovationsprozessen sollten wir darauf achten, dass wir stets nur die Ideen mit den höchsten Erfolgschancen vorantreiben. Eine Maßeinheit für Unternehmenserfolg ist der Gewinn.

Nur eine vermarktbare Idee ist eine gute Idee

Der zu erwartende Profit ist genau das Auswahlkriterium, auf dem die in diesem Buch beschriebene Innovationsstrategie im Wesentlichen aufbaut. Die von mir entwickelte Sektkelch-Strategie erlaubt bereits in den frühen Phasen des Innovationsprozesses eine Auswahl der »guten« Ideen nach den Kriterien Marktpotenzial, Kundennutzen und Marketingmöglichkeiten. Erst nach der Auswahl einer »geeigneten« Idee erfolgt die Lösungsbearbeitung.

Einbeziehung aller Mitarbeiter

Die Sektkelch-Strategie dient als durchgängiger Leitfaden, der es speziell kleinen und mittelständischen Unternehmen (KMUs) ermöglicht, ihr gesamtes Innovationspotenzial zu nutzen. Die Unterteilung des Innovationsprozesses in mehrere Phasen schafft die Möglichkeit, die einzelnen Schritte mithilfe von unterschiedlichen Personen zu bearbeiten. Jeder, unabhängig von seiner Position im Unternehmen, kann so am Innovationsprozess mitwirken. Der gegliederte, kontinuierlich verlaufende Innovationsprozess wird durch das Einbeziehen aller Mitarbeiter und das Hauptbewertungskriterium »höchster zu erwartender Profit« zum wichtigen Erfolgsfaktor für die Unternehmen.

Der technologische Fortschritt, die Veränderungen im Kundenverhalten, die Globalisierung und speziell die Transparenz der Märkte führen zu einem immer schnelleren Wandel in den Märkten. Dieser Wandel stellt eine ständige Herausforderung für jedes Unternehmen dar. Besonders den KMUs fällt es schwer, sich rechtzeitig darauf einzustellen. Wer bei dem steigenden Wettbewerbsdruck und den damit einhergehenden Preiskämpfen überleben will, ist gezwungen, sich vom Wettbewerb abzuheben.

Die Transparenz der Märkte erfordert Differenzierung

Ich möchte Ihnen verdeutlichen, wie transparent die Märkte von heute sind. Noch nie war es für die Konsumenten so einfach, das präsentierte Warenangebot zu vergleichen. Der Preis, den Sie als Anbieter von Produkten und Dienstleistungen für diese Vergleichbarkeit bezahlen müssen, ist hoch: Jedes Unternehmen ist durch die Transparenz der Märkte gezwungen, nach Differenzierungsmöglichkeiten zu suchen. Wie und in welchen Bereichen Sie sich differenzieren können, zeige ich Ihnen in Kapitel 1 anhand einiger Beispiele auf.

Bevor wir in die eigentliche Innovationsstrategie einsteigen, gehe ich auf die Unterschiede der drei bekannten Erfolgsstrategien Preisführerschaft, Technologieführerschaft und Nischenstrategie ein und begründe in Kapitel 1, warum es so wichtig ist, sich bewusst für eine dieser Strategien zu entscheiden. Mit der Entscheidung für die Strategie der Preisführerschaft müssen Sie konsequent in den Preiskampf eingreifen, mit der Entscheidung für die Strategie der Technologieführerschaft oder der Nischenstrategie entscheiden Sie sich gezielt gegen den ausschließlichen Preiskampf.

Kapitel 2 führt Sie an die Innovationsstrategie, der ich den Namen Sektkelch-Strategie gegeben habe, heran. Die Sektkelch-Strategie unterteilt den Innovationsprozess in die drei Bereiche Problemsuche, Problemlösung und Lösungsvermarktung. Jeder dieser Bereiche wird ausführlich in einem separaten Kapitel besprochen.

Transparenz der Märkte

Im Zeitalter des Internets sind die Märkte von heute überaus transparent. Wer versucht, sich über den Preis vom Wettbewerb zu differenzieren, der wird es auf Dauer schwer haben. Jeder Verbraucher hat die Möglichkeit, innerhalb von kürzester Zeit den marktüblichen Preis von Produkten und Dienstleistungen zu ermitteln. Was dies bedeutet und welche Folgen sich daraus ergeben, möchte ich Ihnen an folgendem Beispiel verdeutlichen.

Preisorientierte Märkte sind transparent wie nie zuvor

Im Frühjahr 2007 war ich auf der Suche nach einem neuen Fernsehgerät. Um mir die Wartezeit bis zu meinem Auftritt bei einem Verbandsevent zu verkürzen, ließ ich mich in einem großen Elektromarkt – mit einer umfangreichen Auswahl und »geilen« Preisen – zu den aktuellen Produkten beraten. Besonders gefiel mir ein Gerät der Firma JVC mit der Bezeichnung JVC HD 56 ZR 7U. Der Verkäufer war sehr zuvorkommend und die Beratung empfand ich als gut. Das Design des Geräts war pfiffig und der Bildschirm riesig. Eigentlich hatte mein Unterbewusstsein

Scheinbar oder wirklich günstig?

die Entscheidung schon getroffen: Das sollte er sein, mein neuer Fernseher. Ich fragte den freundlichen Verkäufer, ob der genannte Preis von 2.999 Euro denn ein guter Preis für ein solches Gerät sei. Worauf dieser antwortete: »Das ist ein Spitzenpreis für ein Gerät mit diesen Leistungsmerkmalen und dieser Qualität. Und schließlich sind wir bekannt für günstige Preise.« Bei einer solch großen Anschaffung sollte man vernünftigerweise noch einen Vergleichspreis einholen. Schließlich darf man sich nicht über zu hohe Preise beschweren, wenn man nicht nach einem günstigeren Angebot geschaut hat. Ich zog mein Handy aus der Tasche und bat den netten Verkäufer um einen Moment Geduld.

Schneller Preisvergleich per Internet Sie kennen vermutlich die verschiedenen Preisvergleichsportale im Internet wie guenstiger.de, Preisvergleich.de, Geizkragen.de oder billiger.de. Ich selber arbeite am liebsten mit evendi.de. Dieses Portal bietet mir mehrere Vorteile. Zum einen lassen sich sowohl Produkte wie auch Dienstleistungen miteinander vergleichen. Zum anderen hat man auch die Möglichkeit der »mobilen Preisanfrage«. Hierzu genügt es, die Auskunft von Telegate anzurufen, die in Deutschland über die Telefonnummer 11880 zu erreichen ist, und sich von dort mit dem Preisvergleichsteam verbinden zu lassen.

Bei meiner telefonischen Anfrage konnte ich innerhalb kürzester Zeit erfahren, dass exakt dieses Gerät bereits zu einem Preis von 1.799 Euro angeboten wird. Der Fernseher sei bei dem Anbieter, einem der größten Online-Shops, sofort verfügbar. Ich war nicht schlecht erstaunt, denn immerhin betrug der Preisunterschied 1.200 Euro. Eigentlich nur noch rein aus Interesse stellte ich daraufhin die Frage, für welchen Preis das Gerät beim teuersten Anbieter zu haben sei. Mein Erstaunen wurde noch größer, als mir ein Preis von 2.999 Euro genannt wurde, also genau der Preis, zu dem man mir das Gerät soeben angeboten hatte.

Mit diesen Informationen konfrontierte ich den Verkäufer. Auch der war sichtlich erstaunt. Wie Sie sich vorstellen können, sind wir daraufhin nicht mehr zu einem Abschluss für das Geschäft gekommen, denn Geiz ist bekanntlich geil.

Ebenso funktioniert dies natürlich auch bei allen anderen Geschäften. Zum Beispiel, wenn Sie mit Ihrer Bank über einen neuen Kredit oder das Tagesgeldkonto verhandeln oder mit Ihrem Makler über den Abschluss einer neuen Versicherung diskutieren. Zahlen Sie noch Gebühren für Ihr Girokonto? Wie günstig sind die Preise bei Ihrem Stromanbieter? Kennen Sie die Tarife der günstigsten Telefonanbieter? Was darf Ihre Autoversicherung kosten? Müssen Medikamente so teuer sein? Nutzen Sie als Verbraucher die Transparenz der Märkte und Sie werden sehen, es lohnt sich. Wenn Sie diese Anregung aufgreifen und nur einen der aufgeführten Punkte optimieren, dann hat sich dieses Buch bereits für Sie gelohnt – und ich wollte Sie hier eigentlich nur auf die Transparenz der Märkte aufmerksam machen.

Vergleichen lohnt sich bei allen Geschäften

! **Merke: »Für Verschwender ist das Geld rund,**
für Sparsame flach.«
Honoré de Balzac

Die Verbraucherzentrale Nordrhein-Westfalen hat festgestellt, dass man durch die Nutzung solcher Preisvergleichsportale durchschnittlich eine Ersparnis von 21,6 Prozent erzielen kann. Was würde es für Sie bedeuten, wenn Sie in Zukunft alle Ihre Produkte und alle Ihre Dienstleistungen um circa 20 Prozent günstiger einkaufen könnten? Das wäre fantastisch, nicht wahr? Anders ausgedrückt hätten Sie plötzlich das gesparte Geld zusätzlich zur Verfügung! Um dies durch eine Lohnerhöhung zu erreichen, müssten Sie bei Berücksichtigung der Steuer Ihren Chef überzeugen, dass er Ihnen in Zukunft eine Gehaltserhöhung im deutlich zweistelligen Prozentbereich gewährt.

Ganz einfach sparen

Doch diese Medaille hat leider auch eine Kehrseite. Denn nun stellen Sie sich einmal vor, was es für Sie bedeutet, in Zukunft alle Ihre Produkte, Ihre Dienstleistungen und natürlich auch Ihre Arbeitszeit um über 20 Prozent günstiger anbieten zu müssen, damit sie auf dem Markt noch abzusetzen sind. Dramatisch? Ja, stimmt.

Die Kehrseite der Medaille

Vergleichbarkeit als Basis für Transparenz

Um Transparenz in die Märkte zu bekommen, ist es notwendig, eine Vergleichbarkeit herzustellen. Sobald sich Produkte und Dienstleistungen vergleichen lassen, gelten die Gesetze der Märkte. Angebot und Nachfrage bestimmen den Preis. Die Wettbewerbsbehörden wachen darüber, dass die wirtschaftlichen Gesetzmäßigkeiten nicht gestört und beeinflusst werden. Es gibt Branchen, bei denen die Wettbewerbshüter die Transparenz der Märkte ganz gezielt unterstützen. So veröffentlichte das deutsche Bundeskartellamt im Dezember 2006 einen eigenen Preisvergleich für den Gasmarkt. Im Kampf gegen die überzogenen Energiepreise forderten sowohl der Bundeswirtschaftsminister Michael Glos wie auch der Bundesumweltminister Sigmar Gabriel im Herbst 2007 die Verbraucher dazu auf, ihre Stromrechnungen gezielt mit Angeboten alternativer Anbieter zu vergleichen.

Differenzierung senkt Transparenz und Konkurrenz

Auch die gesamte Berufsgruppe der Einkäufer ist stets bemüht, durch Vergleichsangebote den Preisdruck auf die Lieferanten aufrechtzuerhalten. Das Wort Vergleichsangebot gibt den Hinweis. Das Ganze funktioniert nur, solange die Angebote wirklich vergleichbar sind. Je nachdem, ob wir gerade in der Rolle des Verbrauchers oder des Anbieters sind, sollte es also unser Ziel sein, Vergleichbarkeit herbeizuführen oder möglichst zu verhindern. Wenn wir es als Anbieter schaffen, uns so deutlich vom Wettbewerb zu differenzieren, dass unsere Produkte und Dienstleistungen nicht mehr vergleichbar sind, bewegen wir uns in einem Markt ohne unmittelbare Konkurrenz.

1. Differenzierung – heben Sie sich vom Wettbewerb ab!

In diesem Kapitel möchte ich zusammen mit Ihnen einige eher theoretische Ansätze betrachten. Ziel ist dabei, ein gemeinsames Verständnis zu schaffen für die Wichtigkeit der Differenzierung und den Zusammenhang von innovationsfreudiger Unternehmenskultur und langfristigem Erfolg.

Kostenkrise ist gleich Innovationskrise

Wir haben gesehen, wie einfach es heutzutage angesichts der transparenten Märkte ist, bei vergleichbaren Produkten den Preisunterschied verschiedener Bieter festzustellen und den günstigsten Anbieter zu ermitteln. Egal ob Zentraleinkauf oder Internetportal, jedes dieser Systeme setzt an derselben Stelle an, nämlich bei der fehlenden Differenzierung.

Die fehlende Differenzierung führt zu Vergleichbarkeit. Wer absolut vergleichbar ist, kann sich nur noch über den Preis vom Wettbewerb unterscheiden. Dies führt – von wenigen Ausnahmen abgesehen – zwangsläufig zu geringeren Deckungsbeiträgen und sinkenden Gewinnen. Folge sind so unschöne Dinge wie Restrukturierungsprozesse, einhergehend mit der immer wieder gestellten Standortfrage, Kostenoptimierungsmaßnahmen und Mitarbeiterabbau. Es versteht sich von allein, dass solche Abläufe nicht der Mitarbeitermotivation dienen. Wo die Motivation fehlt, braucht man nach innovativen Ideen nicht zu suchen. Schließlich

Vergleichbarkeit setzt die Jammerspirale in Gang

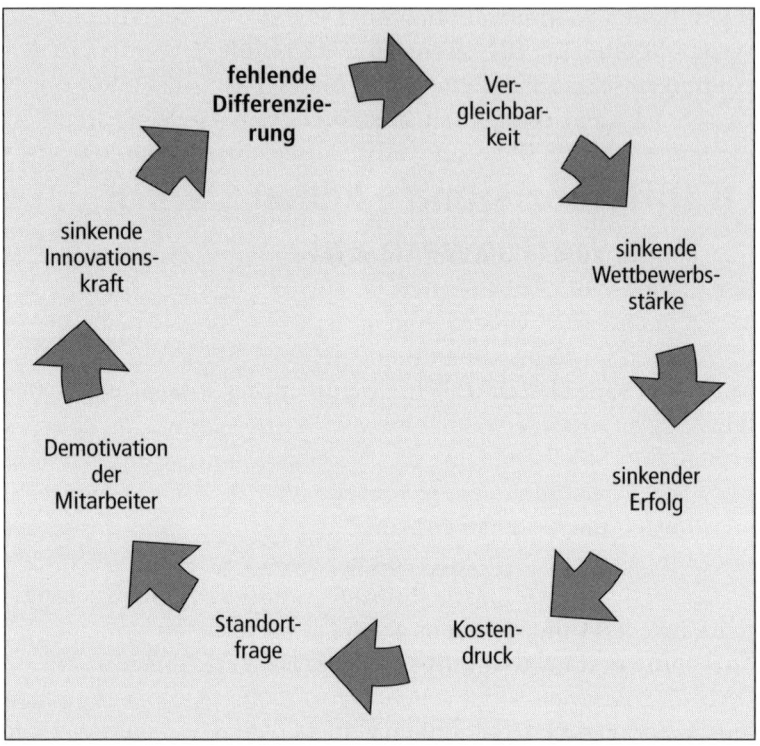

Die Jammerspirale

ist es schon bei motivierten Mitarbeitern sehr schwierig, sie dazu zu bewegen, über neue Ideen nachzudenken und diese in das Unternehmen einzubringen.

Damit schließt sich der Kreis, denn ohne wirklich neue, innovative Ideen wird es niemandem gelingen, sich langfristig vom Wettbewerb abzuheben. Dieser Kreislauf wird auch als die Spirale der Kosten- oder Innovationskrise bezeichnet. Ich selber nenne diesen Prozess die Jammerspirale. Wer einmal in diesem nach unten gerichteten Strudel steckt, wird es vor allem in konjunkturschwachen Zeiten schwer haben, den Teufelskreis zu durchbrechen.

Investitionen in Innovationen sind genau wie Investitionen in Weiterbildung eine Investition in die Zukunft. Besonders in den konjunkturschwachen Zeiten wird hier oft der Rotstift angesetzt, da sich die Auswirkungen nicht sofort zeigen. Umso wichtiger ist es, in guten Zeiten über innovative Ansätze nachzudenken.

Innovationen sind die Basis für die Zukunft

Zur Entwicklung und Umsetzung innovativer Ideen und der folgenden Markteinführung sind Investitionen notwendig. Daher ist diese Phase nicht selten vom Erfolg und den finanziellen Möglichkeiten des Unternehmens abhängig. Wie wir allerdings noch sehen werden, gibt es auch Beispiele, bei denen der finanzielle Aufwand durch clevere, neue Ideen extrem minimiert wurde.

Die Suche nach Differenzierungsmöglichkeiten wird immer noch als Aufgabe der Geschäftsführung, der Marketingabteilung, der Forschung oder des Vertriebs gesehen. Natürlich gehört es zu den Aufgaben der Marketingabteilung, die bekannten Alleinstellungsmerkmale des Unternehmens geschickt darzustellen. Aufgabe der Forschung und Entwicklung ist es, neue Technologien zu entwickeln. Der Vertrieb ist glücklich, wenn er den Kunden Produkte anbieten kann, die einen hohen Nutzen bieten und die sonst nirgendwo erhältlich sind. Und da die Geschäftsleitung letzten Endes die Verantwortung für alle Bereiche trägt, versteht es sich fast von allein, dass die Suche nach Differenzierungsmöglichkeiten zu den strategischen Aufgaben der Geschäftsführer gehören muss.

Differenzierung ist nicht nur Aufgabe der GF

Ist es aber auch Teil der Zielvereinbarungen mit Mitarbeitern aus den verschiedenen Abteilungen, nicht nur die bekannten Alleinstellungsmerkmale darzustellen, sondern auch nach neuen Differenzierungsmöglichkeiten zu suchen? Ist die Marketingabteilung denn überhaupt in der Lage zu beurteilen, welche Probleme die Kunden haben? Kennt der Vertrieb die Probleme der Kunden? Ich möchte sogar noch einen Schritt weiter gehen: Kennen Ihre Kunden die eigenen Probleme und Wünsche und sind sie in der Lage, ihre Probleme und Wünsche zu formulieren? Oder ist es nicht vielmehr so, dass Ihre Kunden mit Problemen leben, diese aber nicht präzise formulieren können? Ist es nicht Ihre Aufgabe

Die Suche nach Differenzierung in den Zielvereinbarungen verankern

und Chance, die Kunden mit Produkten zu begeistern, die Probleme lösen und damit einen großen Nutzen bieten?

 Merke: Innovation ist, wenn der Markt »Hurra« schreit.

Differenzierung als kontinuierlichen Prozess verstehen
Die Suche nach Differenzierungsmöglichkeiten muss in meinen Augen ein kontinuierlich verlaufender Prozess sein, der durch möglichst viele oder besser noch *alle* Personen im Unternehmen unterstützt wird. Dieser Prozess muss über die Schnittstellen der unterschiedlichen Unternehmensbereiche hinweg getragen werden und kann nicht bei den Führungskräften enden. Wenn man das Unternehmen, in dem man beschäftigt ist, kontinuierlich verbessern und verändern will, muss man bei sich selbst anfangen.

Meine Frage an Sie: Was haben Sie gestern getan, um sich oder ihr Unternehmen vom Wettbewerb zu differenzieren? Oder letzte Woche, letzten Monat oder den Monat davor?

Fangen Sie bei sich selbst an
Verständlicherweise werden Sie jetzt vielleicht sagen: »Soll ich etwa schuld sein an den Problemen?« Sind Sie schuld? Ich weiß es nicht. Was ich aber weiß, ist, dass Sie selbst entscheiden können, ob Sie mit dafür verantwortlich sein werden, sich künftig stärker vom Wettbewerb zu differenzieren. Allein schon, dass Sie gerade dieses Buch in den Händen halten, zeigt mir, dass Sie zu denjenigen gehören, die etwas ändern und verbessern wollen. Und ich freue mich über jeden, der dabei mithilft.

Zukunftsorientierte Unternehmensentwicklung

Differenzierung über Produkte mit optimiertem Nutzen
Erfolg wird definiert als Nutzen – im Sinne von Ertrag – minus Aufwand. Ziel aller erfolgsorientierten Handlungen muss es also sein, den Nutzen zu maximieren und / oder den Aufwand zu minimieren. Läuft die Konjunktur schlecht, ist unsere Wirtschaft geprägt von Aufwandsminimierung. Der Kostendruck in allen Branchen führt zu immer effektiveren Produktionsprozessen. Bevor man jedoch beginnen kann, die Produkte und Dienstleistun-

gen effektiver zu realisieren, braucht man erst einmal ein Produkt oder eine Dienstleistung. Das Produkt bietet den Nutzen, den es zu maximieren gilt. Der Nutzen bestehender Produkte oder Dienstleistungen kann normalerweise nur geringfügig erhöht werden. Anders verhält sich das bei neuen Produkten oder Dienstleistungen. Hier haben Sie die Möglichkeit, ganz gezielt nach nutzenoptimierten Produkten und Dienstleistungen für Ihre Kunden zu suchen. Mit anderen Worten: Sie suchen nach neuen Produkten und Dienstleistungen, mit denen Sie sich vom Wettbewerb differenzieren können. Je höher der Nutzen dieser neuen Produkte oder Dienstleistungen für Ihre künftigen Kunden ist, desto wertvoller sind diese Neuerungen für Ihr Unternehmen.

Ziel sollte es also sein, eine Unternehmenskultur auszubilden, die sich unter anderem auch an den nutzenorientierten Differenzierungsmöglichkeiten ausrichtet. Einen Nutzen können Sie immer dann bieten, wenn Sie ein Problem lösen. Nach diesen Differenzierungsansätzen muss kontinuierlich und auf breiter Basis gesucht werden. Das ist keine Aufgabe für einzelne Personen. In diesen Prozess können und müssen so viele Personen wie möglich eingebunden werden.

Nutzen = Problemlösung beim Kunden

Es ist erforderlich, eine Unternehmenskultur auszubilden, bei der die Mitarbeiter bereit sind, aktiv nach nutzenorientierten Differenzierungsmöglichkeiten, also nach Problemen der Kunden oder – besser noch – ganz allgemein nach Problemen ihrer eigenen Umgebung, zu suchen und diese in das Unternehmen einzubringen.

Aktive Problemsuche als Teil der Unternehmenskultur

Hierzu einige Fragen an Sie:

- Wird in Ihrem Unternehmen mehr in Aufwandsminimierung oder mehr in die Entwicklung neuer Ideen investiert?
- Steht beim Innovationsprozess der Kundennutzen im Vordergrund?
- Suchen Sie zusammen mit Ihren Kollegen nach neuen Ideen mit hohem Nutzen?

Wie innovativ ist Ihr Unternehmen?

- Sind mehr als 10 Prozent der Mitarbeiter in den Innovationsprozess eingebunden?
- Wann hat man Ihnen das letzte Mal für eine neue Idee Anerkennung ausgesprochen?
- Haben Sie schon einmal versucht, gezielt auf Probleme in Ihrer Umgebung zu achten?
- Ist die Suche nach Differenzierungsmöglichkeiten ein Punkt Ihrer Zielvereinbarung?

Merke: Nutzen finden heißt Probleme suchen – und das kann jeder.

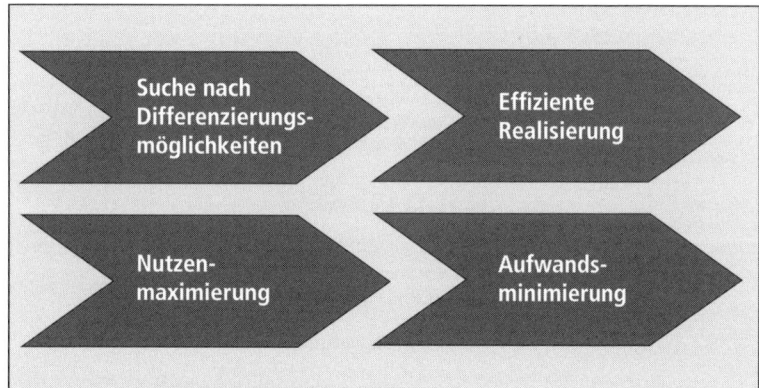

Nutzenmaximierung vor Aufwandsminimierung

»Geiz ist geil« versus »Geist ist geil«

Die Erfolgsstrategien zur Differenzierung Differenzierung verhindert die Vergleichbarkeit und ermöglicht die Unterscheidung vom Wettbewerb. Zur Differenzierung gibt es grundsätzlich zwei unterschiedliche Erfolgsstrategien: die Preisführerschaft und die Technologieführerschaft.

Die Preisführerschaft

Die Preisführerschaft haben wir bereits im Beispiel mit dem Fernsehgerät kennengelernt. Als Leitsatz für diese Strategie gilt der Slogan »Geiz ist geil«. Zu unterscheiden sind in dem Zusammenhang die Unternehmen, die vom Kunden als die günstigsten Anbieter wahrgenommen werden sollen, und die Anbieter, die tatsächlich die Preisführerschaft innehaben. Um das zu erreichen, ist entweder die Positionierung durch das Marketing auf die Rolle der Preisführerschaft ausgerichtet oder sind die Prozesse im Unternehmen entsprechend optimiert. Typische Beispiele für die Preisführerschaft sind Saturn, Aldi, IKEA, Dell und Ryanair.

Preisführerschaft zahlt sich aus. Hierzu einige Zahlen:

Unternehmen	Umsatz/Gewinn (EBIT)	Rendite
Dell	57,09 Mrd. US-$ / 3,08 Mrd. US-$	5,4 %
Ryanair	2,24 Mrd. € / 471 Mio. €	21 %
Aldi Nord (2005)*	9,87 Mrd. € / ~300 Mio. €	~3 %
Aldi Süd (2005)*	10,72 Mrd. € / ~600 Mio. €	~5,6 %
IKEA (2005)**	17,7 Mrd. € / ~2,8 Mrd. €	~15,8 %
Media Markt/Saturn	15,2 Mrd. € / 587 Mio. €	3,9 %

(Quellen: comdirect bank AG, Bilanzen 2006, *Focus Online Finanzen, **sueddeutsche.de)

Discounter bewegen sich häufig in Branchen mit vergleichbaren Produkten. Die Renditen sind meistens moderat. Doch: Die Masse macht's. Natürlich haben auch kleinere Unternehmen die Möglichkeit, in ihrer Branche die Preisführerschaft zu übernehmen.

Für einen Anlagenbauer habe ich einmal untersucht, ob es möglich ist, die eigenen Verkaufspreise zu halbieren und gleichzeitig die Deckungsbeiträge zu verdoppeln. Erklärtes Ziel war die Preisführerschaft. Wir müssen uns die Strategie von Aldi und IKEA näher ansehen, um sie dann auf den Anlagenbau übertragen zu können. Für einen Lebensmitteldiscounter bedeutet Preisführerschaft unter anderem, das Sortiment zu straffen. Außerdem werden die Waren nicht erstklassig präsentiert und in Regale eingeräumt, sondern direkt und zügig von der Palette verkauft. Der schwedische Möbelgigant bietet statt fertiger Möbelstücke nur kombinierbare Bausätze an, die dann vom Kunden selber zu montieren sind. Was kann nun ein Anlagenbauer alles daraus lernen?

Kosten aufschlüsseln, Einsparpotenzial benennen

Es stellt sich zunächst die Frage, welche Kosten bei einem Anlagenbauer entstehen und welche Kostenblöcke nicht zwingend für die Funktion der Anlage erforderlich sind. Im ersten Schritt wurden die Gesamtkosten aufgeschlüsselt und mögliche Einsparpotenziale aufgezeigt.

Kostenart	Anteil an den Verkaufskosten in %	Einsparpotenzial je Position in %
Gesamtkosten	100	
Materialkosten	45	5
Montagekosten	30	58
Konstruktionskosten	8	90
Vertriebskosten	8	90
Verwaltungskosten	5	0
Finanzierungskosten	2	200
Transport- und Verpackungskosten	0,7	0
Gewährleistungskosten	1	50
Sonstige Kosten	0,3	0

Produktpalette unterteilen, Anlagen klassifizieren

Die Produktpalette wurde unterteilt in Standardkomponenten und Sonderanlagenbau. Im Bereich der Standardkomponenten wurde ein Baukastensystem eingeführt. Die Anlagen wurden nach Größe und Leistungsmerkmalen klassifiziert. Durch diese Einteilung entstand ein Katalog mit kombinierbaren Bauteilen, durch die circa 60 Prozent aller Anwendungsfälle abgedeckt werden konnten. Es zeigte sich schnell, dass die Standardkomponenten über externe Anbieter deutlich günstiger gebaut werden konnten als durch die eigene Montage. Der aufwendige technische Vertrieb inklusive Außendienst wurde durch eine Internet-Vertriebsplattform ersetzt. Die Standardanlagen brauchten nun nicht mehr kundenspezifisch geplant zu werden.

Durch die Vereinfachungen, das Baukastensystem und die Klassifizierung der Anlagen konnten die Endkunden und Planer über das Internetportal bei der Auslegung und Ausschreibung unterstützt werden. Auch in den kaufmännischen Bereichen ergaben sich dadurch Änderungen. Im Anlagenbau werden die Zahlungsziele normalerweise durch die Einkäufer der Kunden diktiert. Es entstehen zum Teil erhebliche Vorfinanzierungskosten durch lange Zahlungsziele. Wer jedoch die günstigsten Angebote unterbreiten kann, ist auch in der Position, die mitunter recht starren Zahlungsziele der Kunden zu beeinflussen. Bei dem Anlagenbauer in unserem Beispiel ergab sich durch die externe Montage der Anlage und die verbesserten Zahlungsziele sogar eine Umkehr von Finanzbedarf in Finanzüberschuss. Gelder, die bislang finanziert werden mussten, dienten nun zur Entlastung der Kreditlinie. Allein durch die strikte Umstellung der Zahlungsziele konnten die Deckungsbeiträge um 4 Prozent gesteigert werden. Bei vielen Anlagenbauern würde das bereits zu einer Verdoppelung der Umsatzrendite führen.

Vertriebswege anpassen

Zahlungsziele verbessern

Die Umstellung auf eine externe Fertigung minimierte zusätzlich die Gewährleistungskosten, da diesbezügliche Probleme an den Vertragspartner weitergeleitet werden konnten. Durch die gestiegenen Verkaufszahlen im Bereich der Standardkomponenten erhöhte sich der Bekanntheitsgrad des Unternehmens. Das hatte auch positive Auswirkungen auf den Sonderanlagenbau.

Zu Beginn des Projekts war es unvorstellbar, den klassischen Vertrieb aufzugeben. Auch wagte niemand daran zu denken, den Kunden die Zahlungsbedingungen zu diktieren. Insgesamt ergaben sich Einsparungen von rund 38 Prozent. Das Ziel der Kostenhalbierung wurde zwar nicht erreicht, aber die Deckungsbeiträge konnten mehr als verdoppelt werden.

Deckungsbeiträge mehr als verdoppelt

Gerade bei vergleichbaren Produkten, bei denen der Preis verkaufsentscheidend ist, macht es Sinn, über alle Kosten nachzudenken, die nicht wirklich für die Funktion des Produkts notwendig sind. Scheuen Sie sich dabei nicht, auch »zementierte« Spielregeln infrage zu stellen. Die Aldi-Brüder haben es einmal sinngemäß so beschrieben: »Unsere ganze Werbung liegt im billigen Preis, und sie ist so wirksam, dass der Kunde es auf sich nimmt, Schlange zu stehen.« In einem definierten Markt immer den günstigsten Preis anzubieten, ist allerdings ein ständiger Wettlauf mit dem Wettbewerb, der niemals abgesichert werden kann.

Die Technologieführerschaft

Der Preisführerschaft gegenüber steht die Lösung, die ich »Geist ist geil« nenne. Dabei können die Ansätze ganz unterschiedlich sein.

Manche Anbieter versuchen über die Kenntnisse der Kundenbedürfnisse passende Produkte und Dienstleistungen anzubieten. Andere setzen auf modernste Produktionstechnik und bestmögliche Produktherstellung. Wieder andere wollen den eigenen Markt durch ständig neue Produktentwicklungen maßgeblich gestalten. Hier ein paar Beispiele für Technologieführerschaft.

Die **BASF** stellt mit ihren 110 000 Patenten ein klassisches Unternehmen für diese Strategie dar. Erklärtes Ziel ist hier die durch möglichst hohe Eintrittsbarrieren wie Patent- und Markenschutzrechte abgesicherte Technologieführerschaft.

Als weiteres erfolgreiches Unternehmen aus dem Bereich »Geist ist geil« fällt mir die Firma **Porsche** ein. Porsche ist ein wunderbares Beispiel für Technologieführerschaft und Prozessoptimierung. Bei dem Wort Porsche denken die meisten von uns an Automobilbauer für Sportwagen. Sportwagen stimmt, doch nicht in allen Modellreihen passt auch der Begriff Automobilbauer zu 100 Prozent. So wurde beispielsweise der größte Teil der Fertigung für die

Boxter-Reihe an das finnische Unternehmen Valmet ausgelagert. Genau: In diesem Fall baut Porsche nicht, sondern lässt bauen. Welche Vorteile sich daraus ergeben können, haben Sie am Beispiel des Anlagenbauers gesehen.

Im Zusammenhang mit Technologieführerschaft ist auch die Firma **Apple** als herausragendes Beispiel zu nennen. Immer wieder schaffte es Apple, mit wirklich neuen Ideen neue Märkte zu erschließen. Denken Sie nur an die Computermaus oder den iPod. Er ist inzwischen der erfolgreichste und meistverkaufte tragbare Musik- beziehungsweise Mediaplayer der Welt. Oder nehmen wir das iPhone. Dieses Telefon erlaubt es dem Benutzer, unterwegs Videos zu schauen, Musik zu hören, Digitalbilder zu schießen, im Internet zu surfen und, ach ja, zu telefonieren. Hinter allen Apple-Produkten steht immer die Idee einer möglichst einfachen Benutzung bei brillantem Design. Nicht ganz freiwillig wurde Apple damit immer wieder Technologielieferant für Microsoft.

Grundidee als Erkennungsmerkmal

Die Firma **Sharp** ist nach eigenen Angaben Weltmarktführer und Technologieführer bei der Herstellung von Solarzellen. Die Unternehmensstrategie wurde darauf ausgerichtet. Große Synergien ergeben sich durch die gleichzeitige Produktion und den Know-how-Transfer in den Geschäftsfeldern LCD-TV (Flachbildschirme) und Dünnschichtzellen (Solarzellen). Für das Jahr 2010 plant Sharp den Bau der weltweit größten Solarzellenfabrik, in der dann auch gleichzeitig LCD-Flachbildschirme produziert werden. Mit der Lichtkonzentrator-Technologie möchte Sharp seine Technologieführerschaft in der Fotovoltaik-Branche weiter ausbauen. Diese Technologie ermöglicht eine bis zu 700-fache Konzentration des Sonnenlichts. Die neuen Gallium-Arsenid-Zellen sollen den Top-Wirkungsgrad von mehr als 37 Prozent erreichen.

Synergieeffekte zwischen den Geschäftsfeldern nutzen

Auch Technologieführerschaft zahlt sich aus. Hier wieder einige Zahlen:

Unternehmen	Umsatz / Gewinn (EBIT)	Rendite
BASF AG	52,61 Mrd. € / 6,75 Mrd. €	12,8 %
Porsche AG	7,1 Mrd. € / 1,83 Mrd. €	25,8 %
Apple	19,32 Mrd. US-$ / 2,45 Mrd. US-$	12,7 %
Microsoft	51,12 Mrd. US-$ / 19,58 Mrd. US-$	38,3 %
Sharp	3.127,77 Mrd. JPY / 186,53 Mrd. JPY	6 %

(Quelle: comdirect bank AG, Bilanzen 2006)

... bei höherem Risiko Die Strategie der Technologieführerschaft ermöglicht vergleichsweise hohe Renditen. Sie birgt aber auch erhebliche Risiken bei ausbleibendem Erfolg der neuen Entwicklungen. Wir erleben es immer wieder, dass vorhergesagte Trends nicht eintreten. In anderen Fällen sind die Märkte noch nicht reif für die neuen Produkte, oder die neuen Entwicklungen lassen sich nicht mit den zur Verfügung stehenden Ressourcen bekannt machen und in die Märkte einführen. Besonders schwierig wird es immer dann, wenn nicht der Nutzen für den Kunden die Grundlage der Entwicklungen ist.

Was speziell kleine und mittelständische Unternehmen tun können, um von den Vorzügen der Technologieführerschaft zu profitieren und gleichzeitig die Risiken zu minimieren, davon handeln die folgenden Kapitel dieses Buches.

Die Nischenstrategie

Ein Monopol auf Zeit Die Fachliteratur kennt noch eine dritte Erfolgsstrategie: die Nischenstrategie. Immer wieder zeigen sich Marktlücken, ja teilweise sogar riesige Marktlöcher. Diese Marktnischen entstehen immer dann, wenn die Probleme und Bedürfnisse der Kunden durch die existierenden Produkte und Dienstleistungen nicht befriedigt werden können. Wer eine solche Marktlücke entdeckt und die Kundenbedürfnisse befriedigen kann, hat bis zum Erscheinen der ersten Nachahmerprodukte eine monopolartige Stellung.

Immer wieder ist bei der Nischenstrategie zu beobachten, dass ein Zwischending zwischen Preisführerschaft und Technologieführerschaft versucht wird. Dies ist, wenn überhaupt, nur möglich, da es sich um entsprechend beschränkte Märkte handelt. An dieser Stelle möchte ich deutlich darauf hinweisen, dass man sich entweder für die eine oder die andere Strategie entscheiden sollte. Der Grund ist einfach: Im Bereich der Technologieführerschaft bewegt man sich in einem Premiumsektor. Man differenziert sich über das Know-how und begeistert seine Kunden mit neuen Produkten, die ihnen einen besonderen Nutzen bieten. Bei wirklich neuen Produkten, die nur durch ein Unternehmen angeboten werden können, ergibt sich der Verkaufspreis nicht aus der Kalkulation oder aus dem Preiskampf mit dem Wettbewerb, sondern in erster Linie aus dem Nutzen des Produkts. Je höher der Nutzen, desto höher die Bereitschaft der Kunden, die geforderten Preise zu bezahlen. Wird der Verkaufspreis zu niedrig angesetzt, so verschenkt man seinen Gewinn. Bei der Preisführerschaft hingegen bewegt man sich in einem Markt mit – zumindest zum Teil – vergleichbaren Produkten. Es ist dann darauf zu achten, dass wirklich alle Prozesse kostenoptimiert ablaufen. Denn was hilft es, die niedrigsten Preise zu haben und erfolgreich Kunden zu gewinnen, wenn damit kein Geld verdient wird?

Entscheiden Sie sich für *eine* Strategie

Das wirkliche Problem der Nischenstrategie ist jedoch in vielen Fällen die Segmentierung der Märkte bis hin zur Fragmentierung. Dadurch bieten diese Märkte oft zu wenig Potenzial für Wachstum und damit für eine dauerhaft zukunftsorientierte Unternehmensentwicklung. Die in Kapitel 2 dieses Buches vorgestellte Innovationsstrategie hilft Ihnen, dieses Problem zu vermeiden.

Für flexible Unternehmen mit wirklich neuen Ideen sind diese kleinen Märkte zum Teil trotzdem sehr interessant. Schnell kann ein großer Marktanteil in dem bedienten Markt erschlossen und eine Position als Marktführer aufgebaut werden. Die Marktführerschaft bringt erhebliche Vorteile mit sich, zum Beispiel den hohen Bekanntheitsgrad.

Stark segmentierte Märkte bieten flexiblen Unternehmen Chancen

Für die umsatzgetriebenen Großunternehmen sind die Volumen dieser beschränkten Märkte oft zu klein. Ungeachtet der zum Teil erheblichen Ertragsspannen werden diese Märkte durch die »Großen« nicht besetzt.

Typische Beispiele für Nischenpositionierung sind für mich hier Firmen wie Singulus, die sich mit der Optik-Beschichtung zum Beispiel für Kunststoff-Brillengläser beschäftigt, oder Jenoptik im Bereich der Reinraumtechnologie. Aber auch Google oder Amazon schlossen zu Beginn Nischen im Internet.

Erfolg durch neue Ideen und Verknüpfungen

Anhand einiger Beispiele möchte ich Ihnen zeigen, wie durch neue Ideen oder die Verknüpfung von alten Ideen mit neuen Branchen erfolgreiche Unternehmen entstanden sind.

Verschenke die Lampe, verkaufe das Öl Das Beispiel aller Beispiele für erfolgreiche Unternehmen ist zweifelsohne Microsoft, 1975 von Bill Gates gegründet. Er hat eine alte Idee auf ein neues Produkt übertragen. Die Idee kommt aus der Goldgräberzeit und heißt: Verschenke die Lampe, verkaufe das Öl. Im Fall von Microsoft wurde ein Betriebssystem unter der Bezeichnung MS-DOS an IBM ausgeliefert. Dieses System stellte einen Standard dar, der abwärts kompatibel war und es erlaubte, die damals gängige Software miteinzubinden. Anwendersoftware ist vom Betriebssystem abhängig. Microsoft lieferte das Betriebssystem und verkaufte erfolgreich die eigene Anwendersoftware.

Auch heute gibt es noch Beispiele, die nach demselben Prinzip funktionieren. Haben Sie eine Idee, was ich damit meinen könnte? Genau: Die Druckerhersteller verdienen ihr Geld nach dieser Methode. Drucker sind zum Teil auffallend günstig. Spätestens wenn die erste Patrone leer ist, wissen Sie, warum. Weitere Beispiele sind das kostenlose Handy mit der entsprechenden Vertragsbindung oder günstige Nassrasierer, für die die Ersatzklingen erheblich zu Buche schlagen.

Die Idee der Kosten- und Prozessoptimierung in verschiedenen Anwendungsfällen verhelfen diesen Unternehmen zur Preisführerschaft.

Die **Gebrüder Albrecht** waren bei Aldi von Anfang an daran interessiert, den niedrigsten Preis an die Kunden weiterzugeben. Hierzu wurden alle kostenrelevanten Prozesse optimiert. Die Umlagekosten für Ladenmieten wurden minimiert, auf teure Reklame und Dekorationen wurde verzichtet. Das Warensortiment wird stets auf gute Qualität bei niedrigem Preis ausgerichtet. Parallelprodukte wurden nicht in das Sortiment aufgenommen. Auf Produkte wie Frischwaren wurde zunächst aus demselben Grund verzichtet wie auf weitere Produkte mit zu wenig »Verkaufs- und Umsatzgeschwindigkeit«. Sie waren zu kostenintensiv.

Discounter optimieren alle kostenrelevanten Prozesse ...

Ingvar Kamprad, der Gründer von IKEA, optimierte zunächst die Kosten vom Hersteller bis zum Kunden, indem er die ersten Möbel über seinen Versandhandel verkaufte. Schon bald wurde der IKEA-Katalog zum wichtigsten Marketinginstrument des Unternehmens. Um den Versand der Möbel zu vereinfachen, wurden diese in Einzelteilen verschickt. Beim Aufbau wird der Kunde noch heute mit einer Bauanleitung und einem Sechskantschlüssel unterstützt. Durch die Verpackung der Möbelstücke in Einzelteilen hat der Kunde außerdem die Möglichkeit, diese mit einem normalen Fahrzeug jederzeit in den IKEA-Möbelhäusern abzuholen. Zusammen mit der Bibel und den Harry-Potter-Bänden gehört der IKEA-Katalog zu den gedruckten Publikationen mit der höchsten Auflage.

... stimmen das Marketing auf die Kostenorientierung ab ...

1984 gründete **Michael Dell** mit einem Startkapital von 1000 US-Dollar sein Unternehmen für PC-Hardware. Ab 1996 bot Dell die Möglichkeit, Bestellungen über das Internet aufzugeben. Damit wurden die Händlermargen eingespart und Dell konnte die Preise entsprechend günstiger kalkulieren. Bereits im Jahr 2000 betrug der Tagesumsatz über das Internet mehr als 5 Millionen US-Dollar. Dell wurde zeitweilig zum größten PC-Hersteller der Welt.

... und nutzen neue Vertriebswege

Buchbestellung per Mausklick

Amazon ist zum größten Buchhändler der Welt geworden. Die Idee war, Bücher »mit nur einem Klick« über das Internet bestellen zu können. Diesen Einfall ließ sich Jeff Bezos bei der Firmengründung 1994 in den USA patentieren. Damals war das noch eine echte Innovation. Heute wird diese Möglichkeit in jedem Internetshop angeboten. In Deutschland wäre eine solche Patentierung übrigens nicht möglich gewesen, da bei uns nur technische Neuerungen zum Patent angemeldet werden können.

Pionierarbeit im Bereich der Internetnavigation

Das 1995 gegründete Unternehmen **Yahoo!** kann als einer der Pioniere im Bereich der Navigationshilfen für das Internet gesehen werden. Heute verwenden wir hierfür den Begriff »Internet-Suchmaschine«. Die Idee war so einfach wie genial. Die Yahoo!-Erfinder erkannten, dass der Wert einer Internetseite mit der Anzahl der Zugriffe auf die Seite steigt. Je größer der Nutzen einer Internetseite, desto mehr Nutzer können auf die Seite gezogen werden. Und je mehr Kundenkontakte eine Internetseite hat, desto mehr Werbeeinnahmen können durch Onlinewerbung erwirtschaftet werden. Diese erste Internet-Suchmaschine brachte Ordnung in die Informationsflut. Später stellte Yahoo! den Kunden viele weitere nützliche Dienste, wie zum Beispiel E-Mail-Konten, kostenlos zur Verfügung.

Mit genau diesem Gedanken, also möglichst viele Kunden auf die eigene Webseite zu bringen, wurde 2005 **YouTube** gegründet. Das Portal bietet die Möglichkeit, kostenlos Videoclips anzuschauen und ins Internet zu stellen. Am 9.10.2006, rund 18 Monate nach der Gründung, wurde YouTube für 1,65 Milliarden US-Dollar an Google verkauft.

Mit neuen Ideen erfolgreich durchgestartet

(Name, Gründer, Gründungsjahr, Privatvermögen des Gründers)

- Microsoft – Bill Gates, 1975, 58 Milliarden US-Dollar
- Aldi – Karl und Theo Albrecht, 1950 (Albrecht-Discount), 27 bzw. 23 Milliarden US-Dollar

- IKEA – Ingvar Kamprad, 1943 (mit 17 Jahren), 31 Milliarden US-Dollar
- Dell – Michael Dell, 1984 – 16 Milliarden US-Dollar
- Amazon – Jeff Bezos, 1994, 8,2 Milliarden US-Dollar
  (Bestellung mit nur einem Klick, US-Patent # 5.960.411)
- Yahoo! – David Filo, Jerry Yang, 1995, je 1,7 Milliarden US-Dollar
- YouTube – Chad Hurley, Steve Chen und Jawed Karim, 2005, am 9.10.2006 für 1,65 Milliarden US-Dollar an Google verkauft

(Quelle: www.forbes.com)

Was mich selber bei den Recherchen zu diesem Buch immer wieder überrascht hat, war die Erkenntnis, wie viele der erfolgreichen Unternehmen ihr eigentliches Produkt »verschenken«, um dann auf andere Weise einen noch viel größeren Nutzen zu generieren. Es stellt sich die Frage, ob dies wirklich noch als eine Form der Preisführerschaft zu sehen ist oder ob es sich hierbei nicht vielmehr um eine eigene Erfolgsstrategie handelt. Ich finde den Ansatz des erfolgreichen Verschenkens hochinteressant. Daher habe ich diesem Gedanken in Kapitel 5 einen eigenen Abschnitt eingeräumt.

Strategie des »erfolgreichen Verschenkens«

Möglichkeiten der Differenzierung

Es gibt unendlich viele Möglichkeiten, sich vom Wettbewerb zu differenzieren – nicht nur über den Preis, wie viele glauben.

In welchen Bereichen können Sie sich vom Wettbewerb unterscheiden? Hier einige Punkte, die ich besonders spannend finde:
- Bekanntheitsgrad
- Neue Produkte
- Marketing- und Verkaufsaktionen
- Neue Geschäftsideen
- Kooperationen
- Service

In den folgenden Abschnitten möchte ich mit Ihnen die genannten Punkte näher betrachten und einige Beispiele dazu anführen.

Bekanntheitsgrad

Bekanntheitsgrad hebt Kaufbereitschaft

Der Bekanntheitsgrad ist ein ganz wesentliches Unterscheidungsmerkmal, denn wie Hermann Scherer es formuliert: »Bekanntheitsgrad hebt Nutzenvermutung.« Das soll bedeuten: Je bekannter ein Unternehmen dem potenziellen Kunden ist, desto höher ist der vermutete Nutzen und damit die Bereitschaft zum Kauf oder Vertragsabschluss. Sie kennen das vielleicht aus Ihrem Urlaub. Lassen Sie uns gemeinsam einen gedanklichen Ausflug in ein fremdes Land unternehmen. Sie stehen im Ausland vor einem Kühlregal mit Joghurt. Leider sprechen Sie nicht die Landessprache und keines der Produkte ist Ihnen bekannt. Plötzlich entdecken Sie ein Produkt von einem Hersteller, den Sie von zu Hause kennen. Selbst wenn es nicht die gleiche Verpackung ist, sind wir in der Regel eher bereit, das Produkt der bekannten Marke zu kaufen als eines, das uns vollkommen unbekannt ist.

Pfiffige Ideen halten den Aufwand gering

Speziell im Bereich Bekanntheitsgrad sind immer pfiffige Ideen gefragt. Ziel soll es schließlich sein, mit möglichst geringen Aufwendungen den Bekanntheitsgrad zu steigern. Typische Schlagwörter hierfür sind das Guerilla-Marketing oder auch Ansätze aus dem Viral-Marketing. Ich werde in Kapitel 5 ausführlicher darauf eingehen.

Ein Werbeplakat wird zur Marketingkampagne

Ein schönes Beispiel hierfür: Beerdigungsinstitute machen normalerweise keine Werbung, abgesehen von Anzeigen in Wochenblättern und im Telefonbuch. Ganz ungewöhnlich ist daher das Vorgehen eines Unternehmens in Berlin, das sich mit frecher Werbung hervortut – eventuell sogar mit geplantem viralem Marketing. Direkt hinter den Bahngleisen war auf einem Plakat zu lesen: »Kommen Sie doch näher.« Ob nun gewollt oder durch Zufall, dieses Bild wurde über das Internet wie eine Art Kettenbrief quer durch Deutschland geschickt. Somit wurde diese Werbung nicht durch das Plakat, sondern durch die Verbreitung des Fotos zur wahren Marketingkampagne.

Werbung eines Bestattungsunternehmens

Neue Produkte

Ein schönes Beispiel für eine neue Produktidee könnten zuge-frorene Autoscheiben liefern. Kaum hat die kalte Jahreszeit begonnen, hört man allmorgendlich die gleichen Kratzgeräusche. Kennen Sie das? Ihr Nachbar muss zur Frühschicht. Sie liegen noch im Bett und schauen auf Ihren Wecker: Genau 5:00 Uhr, er ist pünktlich wie ein Schweizer Uhrwerk. Das Problem mit den zugefrorenen Autoscheiben ist ja wahrlich nicht neu. Interessanterweise besitzen heutige Autos nahezu alle Komponenten, um dieses Problem zu lösen. Es muss ja nicht gleich eine Standheizung sein. Die Scheiben sollen lediglich zu einer bestimmten Zeit auf über null Grad Celsius gebracht werden. In jedem Auto befinden sich eine Uhr, ein Gebläse, eine Stromversorgung. Die benötigte Wärmeenergie könnte sowohl über die Stromversorgung

Produktideen aus dem Alltag

als auch über einen Latent-Wärmespeicher bereitgestellt werden. Sie kennen diese Systeme eventuell als Taschenwärmer, bei dem durch das Knicken eines kleinen Metallplättchens ein Kristallisationsprozess in Gang gesetzt wird, der Wärme freisetzt.

Kooperationen

Kooperationen sind Katalysatoren für Ihr Business

Kooperationen sind für mich echte Business-Beschleuniger. Besonders schön ist es, wenn alle Beteiligten einer Kooperation gleichermaßen von den Vorteilen profitieren. Wie so oft im Leben werden die Rührigen begünstigt. Daher mein Tipp: Rufen Sie selbst eine Kooperation ins Leben! Starten Sie beispielsweise zusammen mit Ihren neun schärfsten Wettbewerbern eine Werbekampagne unter der Überschrift »Vertrauen Sie nur auf die Besten. Die Top-10-Anbieter der XY-Branche«. Bieten Sie den Kunden über geeignete Medien nützliche Informationen zu Ihrer Branche an. Zum Beispiel könnten die Handwerker einer Stadt quartalsweise eine Zeitungseinlage mit der Überschrift »Ihre Top-10-Anbieter rund ums Haus« herausbringen. Natürlich können hierbei auch Unternehmen aus Branchen eingebunden werden, die andere Dienstleistungen anbieten, wie beispielsweise Versicherungs- und Immobilienmakler, Banken, Möbelhäuser usw. Mit einer solchen Aktion werden Sie zumindest als eines der Top-10-Unternehmen wahrgenommen. Dies ist natürlich nur sinnvoll, wenn sie nicht sowieso schon Marktführer sind.

Service

Bieten Sie mehr, als der Kunde erwartet

Der Service bietet nahezu jedem Unternehmen die Möglichkeit, sich vom Wettbewerb zu unterscheiden. Hierbei sind es oft die kleinen Dinge und vor allem jene, die der Kunde nicht erwartet, die Sie besonders hervorheben.

Die Autowerkstätte bietet einen Hol- und Bring-Service oder den Winterreifenwechsel vor Ort. Der freundliche Monteur wechselt dabei nicht nur die Sommer- gegen die Winterreifen. Nein, er trägt Ihnen die Sommerreifen auch gleich in den Keller. Der Getränkehändler um die Ecke fährt die Getränkekisten mit der Sackkarre bis zum Auto des Kunden. Der Handwerker geht aus der Wohnung, ohne Staub und Schmutz zu hinterlassen. Sollte die Wartezeit beim Arzt oder Friseur mehr als 20 Minuten betragen, so kann man die Zeit für einen Einkauf nutzen. Die nette Dame am Empfang informiert den Kunden per Handy, wenn sich die Situation auf der Wartebank entspannt hat. Auch hier stellt sich wieder die Frage: Welche Probleme oder gar Ängste hat Ihr Kunde, wenn er Ihre Produkte kauft oder Ihre Dienstleistungen in Anspruch nimmt? Was ärgert den Kunden unter Umständen an Ihrem Angebot? Womit können Sie dem Kunden die Nutzung des Angebots erleichtern oder angenehmer gestalten?

Mein Tipp:
Differenzieren Sie sich vom Wettbewerb und gehen Sie mit neuen Produkten und neuen Ideen in die Märkte von morgen. Ein Weg in die Märkte von morgen kann die Sektkelch-Strategie sein, die ich Ihnen in Kapitel 2 näherbringen werde.

2. Die Sektkelch-Strategie – gehen Sie mit neuen Ideen in die Märkte von morgen!

Bevor ich mit der Erläuterung der Sektkelch-Strategie beginne, möchte ich Sie bitten, einmal die Hände wie zum Gebet zu falten. Das geschieht ganz ohne Nachdenken, nicht wahr?

Neues fühlt sich zu Beginn oft merkwürdig an

Achten Sie einmal darauf, ob der rechte oder der linke Daumen oben liegt. Nun versuchen Sie bitte die Hände so zu falten, dass der andere Daumen oben liegt. Wie fühlt sich das an? Merkwürdig? Ja! Die gleiche Übung können Sie auch mit Ihren Armen versuchen. Verschränken Sie die Arme einmal so, dass der rechte Arm oben liegt, und einmal so, dass der linke der obere ist. Jeder von uns faltet seine Hände und verschränkt seine Arme ganz automatisch, wie er es gewohnt ist. Wenn Sie die zunächst ungewohnte Variante aber oft genug wiederholen, wird es Ihnen leichtfallen, die Arme ohne jegliches Unbehagen zu verschränken, wie es Ihnen beliebt. Hierfür sind allerdings sehr viel Übung und Zeit notwendig. Genauso verhält es sich auch mit Innovationen. Am Anfang fühlt sich Neuartiges oft merkwürdig an, und es bedarf einiger Übung, um es ganz geläufig werden zu lassen.

Bei der Entwicklung der Sektkelch-Strategie war es mir besonders wichtig, dass sie ohne große Übung mit wenig Zeitaufwand auch bei kleinstem Budget für jedermann umsetzbar ist und dass sie zu wirklich neuen Ideen führt.

Wir agieren lösungsorientiert

Wir alle lernen schon sehr früh, stets lösungsorientiert – also in die Richtung der Lösung – zu denken. Typische Aufgabenstellungen in der Schule machen bestimmte Vorgaben, geben an, was gesucht wird, und der Schüler wählt den passenden Lösungsweg. Im Mathematikbuch meines zehnjährigen Sohnes heißt es beispielsweise: Karin kauft Eis. Sie bezahlt mit einer 2-Euro-Münze und erhält 0,80 Euro zurück. Was kostet eine Kugel? Allenfalls lautet die Aufgabe auch einmal: Suche die Frage und rechne!

Was ist eigentlich gesucht?

Bei der Suche nach wirklich neuen Ideen für unerschlossene Märkte ist aber häufig keine Problemstellung vorgegeben, sondern es gilt, ebendiese zu finden. Die Aufgabe lautet also: Nichts ist gegeben. Kann der nächste Schritt dann heißen: Was ist gesucht? Wohl kaum. Genau an dieser Stelle müssen wir von unserer normalen Vorgehensweise abweichen, den Blick in die andere Richtung wenden und uns fragen: Worin liegt das Problem? Ich meine, wir sollten sogar froh sein, wenn einmal nicht alles vorgegeben ist und wir die Möglichkeit haben, uns die Vorgaben selbst zu suchen, um Probleme mit hohem Potenzial zu finden. Ist dann das richtige Problem gefunden, wird wieder nach dem gewohnten Muster gearbeitet.

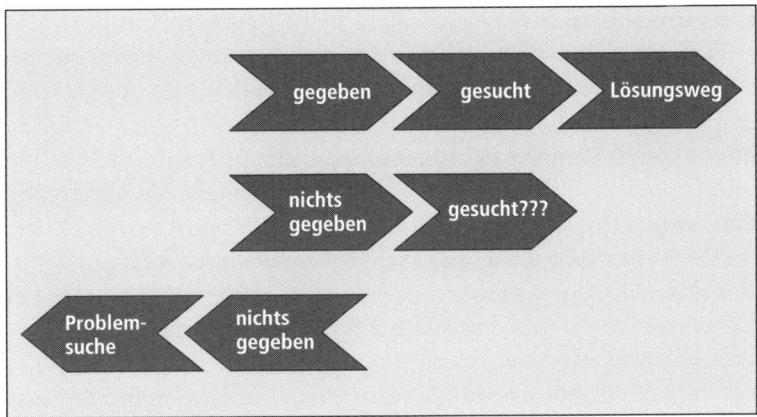

Problemorientierte Ideensuche

Beispiele für Probleme mit hohem Potenzial

Als Erstes möchte ich Ihnen eine Frage stellen: Können Sie ein Problem aus Ihrem täglichen Leben formulieren? Vielleicht eines, das sich auf technische Art und Weise lösen lässt? Sie wissen nicht so recht, was damit gemeint ist? Anhand einiger Beispiele möchte ich Ihnen das verdeutlichen.

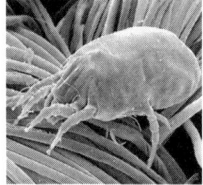

Hausstaubmilbe

Hausstaubmilben in Matratzen stellen ein Problem des täglichen Lebens mit hohem Potenzial dar. Dieses Bild zeigt in der Vergrößerung eine Hausstaubmilbe, wie sie tausendfach in Bettmatratzen vorkommt. Wenn ich in Hotels übernachte, ruft allein das Wissen über die Mitbewohner in der Hotelmatratze bei mir ein gewisses Unwohlsein hervor. Natürlich sind diese Bettmilben nicht nur in Hotels, sondern auch in Krankenhäusern, Altenwohnanlagen und im privaten Bereich ein Problem. Speziell Allergiker wissen hiervon leidvoll zu berichten, da der Kot der Milben Bestandteile enthält, die Allergien hervorrufen können. Wenn Sie jetzt denken: »Igitt, ist das ekelig!«, wird damit das Problem erkannt und angesprochen, aber nicht klar formuliert. Offensichtlich ist es nicht ganz einfach, das Problem in eine Problemformulierung umzusetzen. Die richtige Problemformulierung könnte lauten: Wie beseitigt man die Hausstaubmilben aus den Matratzen?

Vom Problem zur Problemformulierung

Ein weiteres Beispiel für ein Problem mit großem Potenzial ist die Hitze in geparkten Autos. Stellen Sie sich vor, Sie parken Ihr Fahrzeug im Hochsommer auf dem großen Parkplatz vor dem Supermarkt. Es herrschen um die 30° Celsius, die Sonne scheint. Nach dem Einkaufen kommen Sie zurück zu Ihrem Fahrzeug. Sie öffnen die Tür und aus dem Fahrzeuginneren schlägt Ihnen eine Warmluftwolke entgegen, die sich anfühlt wie ein Wüstenwind. Im Fahrzeuginneren erreicht die Temperatur über 50° Celsius. Gefühlt sind es 75°! Das Problem ist so alt wie das Automobil selbst. Bereits durch minimale Veränderungen an den derzeit gängigen Fahrzeugausstattungen wäre es möglich, dieses Problem zu lösen oder zumindest deutlich zu reduzieren. Nicht selten hört man in einer solchen Situation den Satz: »Ist das warm in dem Auto!« Die passende Problemformulierung könnte hier so aussehen: Wie kühlt man im Sommer den Innenraum von geparkten Fahrzeugen?

Oder denken Sie an Probleme, die bereits gelöst wurden, zum Beispiel als die Milch den Tetrapak entdeckte. Wie viel Milch musste auf dem Frühstückstisch verschüttet werden, bevor die praktischen Tetrapaks kamen, die durch einen einfachen Verschluss geöffnet und auch wieder verschlossen werden können! Inzwischen gibt es unzählige Lösungen für dieses Problem, das da lautete: Wie kann ich die Milchpackung leicht und ohne Hilfsmittel öffnen, sauber ausgießen und einfach wieder verschließen?

Lösungen entwickeln

Natürlich findet man auch im Bereich der Dienstleistungen Probleme des täglichen Lebens mit hohem Potenzial.

Wer schon einmal eine Beerdigung organisieren und ausrichten musste, der kann sicher von den zum Teil horrenden Preisen für diese Dienstleistung berichten. Es ist schon erstaunlich, mit welcher Unverfrorenheit manche Bestattungsunternehmen die Ausnahmesituation ihrer Kunden ausnutzen. Da es sich nicht schickt, im Zusammenhang mit einem Todesfall Preisvergleiche anzustellen, nach dem günstigsten Anbieter zu suchen und Preise zu verhandeln, scheinen in dieser Branche die Gesetze des Marktes außer Kraft gesetzt zu sein. Ich bin überzeugt: Beerdigungs-Discounter werden viel Bewegung in diesen Markt bringen, weil sie eine Lösung für folgendes Problem liefern: Wie ist eine Beerdigung zu einem erschwinglichen Preis möglich?

Was meinen Sie – ist es Ihnen jetzt anhand dieser Beispiele möglich, ein Problem aus Ihrem täglichen Leben zu formulieren? Wenn ja, schreiben Sie es auf, es könnte Sie auf eine wichtige Fährte bringen. Wenn nicht, so kann ich Ihnen versichern, dass Sie damit zur großen Mehrheit gehören. In meinen Vorträgen hat sich gezeigt, dass rund 95 Prozent der Zuhörer nicht auf Anhieb in der Lage sind, Probleme aus ihrem täglichen Leben zu formulieren, obwohl jeder von uns immer und überall von unzähligen Problemen umgeben ist.

Formulieren Sie selber

Mir geht es darum zu belegen, wie schwierig es ist, Probleme zu formulieren. Albert Einstein hat über das Problem mit den Problemen gesagt: »Die Formulierung eines Problems ist häufig wesentlicher als die Lösung, die nur eine Frage mathematischer oder experimenteller Fähigkeiten sein kann.« Oder um es mit einem zutreffenden Zitat des deutschen Schriftstellers Hans Krailsheimer auszudrücken: »Talente finden Lösungen, Genies entdecken Probleme.«

Die Lücke im Innovationsprozess

Professor Dr. Hansjürgen Linde von der Coburg University of Applied Sciences beschäftigt sich intensiv mit Innovationsprozessen. Er bezeichnet das Problem mit dem Problem als die strategische Lücke im Innovationsprozess.

Innovationsprozess: Frühe Phasen sind entscheidend

Schauen wir uns doch zunächst einmal einen üblichen Innovationsprozess an. Nicht selten beginnt der Innovationsprozess mit einer guten Idee. Diese Ideen werden in Arbeitsgruppen entwickelt, sie entstehen aus den Anforderungen der laufenden Aufträge oder aus arbeitstechnischen Schwierigkeiten. Auf der Grundlage dieser Ideen werden Konzepte erarbeitet und erste Prototypen gebaut. Das neue Produkt wird ausgiebig getestet. Zuletzt wird eine Vermarktungsstrategie entwickelt. Doch die ganz frühen Phasen, nämlich die Suche und Bewertung von Problemen mit hohem Potenzial, werden häufig komplett ausgelassen. Erstaunlicherweise wird diese so entscheidende frühe Phase auch bei professionellen Innovationsmethoden zumeist völlig ausgespart. Die sogenannte strategische Lücke im Innovationsprozess gilt es zu schließen.

Lösen Sie das richtige Problem?

Hand aufs Herz, haben Sie sich schon einmal gefragt, ob Sie wirklich das richtige Problem lösen? Oder ob es eventuell Probleme gibt, die sich viel leichter lösen ließen? Für deren Umsetzung keine riesigen Investitionen erforderlich wären? Deren Erfolgswahrscheinlichkeit sich allein schon aus dem hohen Nutzen für den

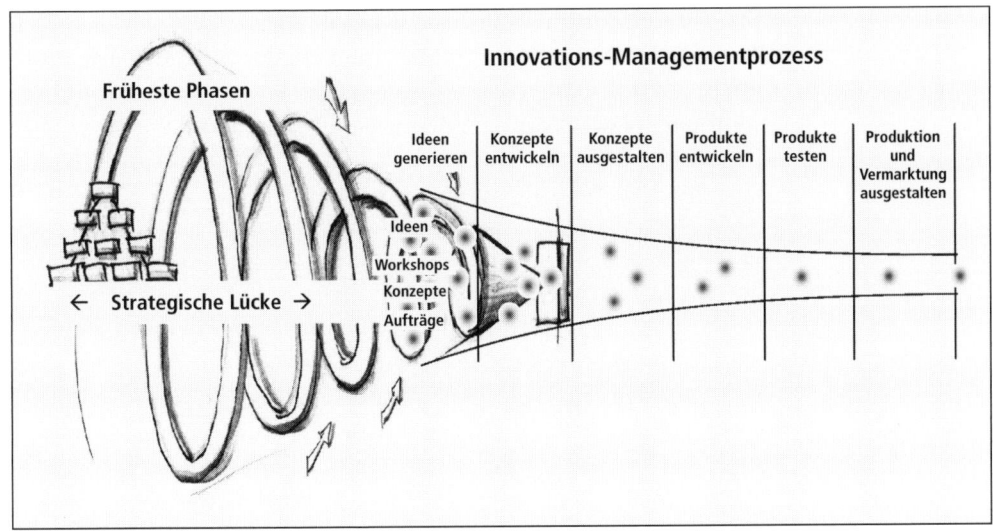

Strategische Lücke   (Quelle: in Anlehnung an Prof. Dr. Linde, WOIS)

Kunden ergibt? Und für die das Risiko insgesamt deutlich geringer ist? Wer von uns würde nicht gern einen Fischer-Dübel oder den Verschluss für einen Tetrapak erfinden, deren Nutzen so groß ist, dass die Kunden schon lange darauf gewartet haben?

Damit kommen wir zurück zur Problemformulierung, über die wir ja bereits gesprochen haben. Um die strategische Lücke im Innovationsprozess schließen zu können, ist es notwendig, Probleme zu erkennen, zu formulieren und anschließend zu dokumentieren, um sie dann letztendlich auf ihr Potenzial hin zu bewerten und auszuwählen. Genau diese Lücke bietet uns auch die Möglichkeit, möglichst viele Personen aus den unterschiedlichsten Bereichen in den Innovationsprozess miteinzubinden. Der Innovationsprozess wird dazu in einzelne Arbeitsschritte unterteilt und wir können die Problemsuche als die erste wichtige Stufe in diesem Prozess definieren. Die Problemsuche schließt die strategische Lücke im Innovationsprozess!

Problemsuche als erster Schritt im Innovationsprozess

Das Drei-Stufen-Modell zur Innovation

Wir unterteilen den Innovationsprozess in die drei Stufen:
- Problemsuche
- Problemlösung
- Lösungsvermarktung

Planmäßige Ideenproduktion

Wichtig dabei ist, dass die einzelnen Stufen getrennt voneinander bearbeitet werden. Nicht nur die Problemsuche, auch die Problemlösung und die Lösungsvermarktung beginnen mit einer breit angelegten Suche, auf die dann Bewertung und anschließend Auswahl folgen. Erst zählt Quantität, später dann Qualität. Durch diese Vorgehensweise erreicht man eine planmäßige und bewertbare Ideenproduktion.

Heutzutage werden Innovationen stark an den Zukunftstrends ausgerichtet. Aber wer kann schon wissen, ob die Vorhersagen für künftige Trends richtig sind. Ich plädiere dafür, zusätzlich auch die vielen Probleme zu bearbeiten, die wir heute schon haben.

Personelle Ressourcen ausschöpfen

Wie schon erwähnt, schafft die Gliederung des Innovationsprozesses die Möglichkeit, die einzelnen Innovationsphasen mithilfe möglichst vieler Personen aus ganz verschiedenen Bereichen zu bearbeiten. Durch die Beachtung der frühen Innovationsphasen wird der Innovationsprozess zu einem kontinuierlichen Vorgang.

Speziell im Bereich der kleinen und mittleren Unternehmen sollten alle personellen Ressourcen genutzt werden, die mit dem Unternehmen in Zusammenhang stehen. Jeder, egal ob Unternehmer, Mitarbeiter oder Privatmann, soll in der Lage sein, die eigene Kreativität zu nutzen. Alle Mitarbeiter, unabhängig von ihrer Position im Unternehmen, können am Innovationsprozess mitwirken, immer und überall. Die eingebundenen Personen sind mittendrin statt nur dabei und haben eine viel größere Motivation, ihre Ideen einzubringen.

Der gegliederte, kontinuierlich verlaufende Innovationsprozess wird zum Erfolgsfaktor im Beruf und im Privatleben.

Problemsuche

Mit der Problemsuche haben wir uns schon befasst. Ich möchte am Beispiel der Problemsuche das Bild des Sektkelchs einführen und die Bedeutung der einzelnen Elemente erklären. Daraus ergibt sich die von mir entwickelte »Sektkelch-Strategie«.

Drehen Sie bitte gedanklich einen Sektkelch auf den Kopf. Der Prozess startet von unten. Der breite Kelch steht auf dieser Stufe für die breite Suche nach Problemen, hier werden alle Einfälle gesammelt. Der Stiel symbolisiert die Problemauswahl. Hier wird es eng für die meisten der gefundenen Vorschläge. Der flache Fuß steht für die wenigen Vorschläge, die es durch die Auswahl bis ganz nach oben geschafft haben und die auf diesem breiten Fundament dann die Grundlage für die nächste Stufe bilden werden.

Problemauswahl von unten nach oben

Bei der Problemsuche gilt zunächst: Quantität vor Qualität. Vergleichbar mit einem Brainstorming ist hier alles erlaubt und erwünscht. Die anschließende Problemauswahl wird durch die Qualität bestimmt. Hier gilt dann Qualität vor Quantität.

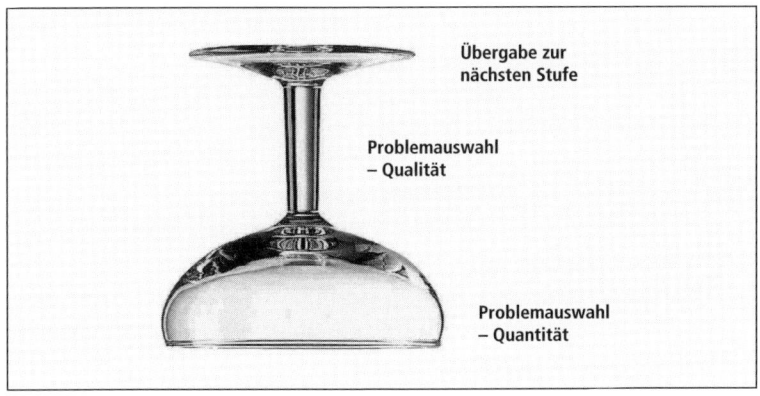

Übergabe zur nächsten Stufe

Problemauswahl – Qualität

Problemauswahl – Quantität

Problemsuche

Sammeln Sie
***alle* Probleme**

Bei der Problemsuche spielt es keine Rolle, ob das Problem bei der ersten Betrachtung zu Ihrer Branche, Ihrem Business und Ihrem Umfeld passt. Jedes gefundene Problem ist zunächst ein gutes Problem und wird dokumentiert. Ich selbst verwende hierzu einfach eine Worddatei mit der Bezeichnung »Problemsammlung«.

Einer der Kernansätze der Sektkelch-Strategie ist die Entwicklung »systematisch zufälliger« Ideen durch die Sensibilisierung möglichst vieler Menschen für die Problemsuche. Nicht selten stellt man dabei fest, dass scheinbar branchenfremde Probleme mit den eigenen Kompetenzen gelöst werden können. Hierdurch entstehen »echte« Innovationen, mit denen wirklich neue Märkte erschlossen werden können.

Branchenfremde Probleme mit eigenen Kompetenzen lösen

Ein Beispiel hierfür ist ein Anlagenbauer aus dem Schwarzwald. Das Unternehmen fertigt unter anderem industrielle Lüftungsanlagen. In diesem Unternehmen erkannte man das Problem der Milben in Matratzen ganz klar als ein Problem mit großem Potenzial. Die Reinigung von Matratzen gehörte aber auf keinen Fall zu den Kernkompetenzen des Unternehmens. Doch bei näherer Betrachtung wurde eine Lösung sichtbar, die mit den Komponenten einer Lüftungsanlage das Problem der Milben lösen konnte. Hierzu wird die Matratze mit stark gekühlter, getrockneter und ionisierter Luft durchströmt beziehungsweise durchblasen. Es wurde eine Apparatur entwickelt, mit der gleichzeitig bis zu fünf Matratzen »milbenfrei« gemacht werden können.

Von Teilnehmern meiner Vorträge habe ich erfahren, dass noch weitere Unternehmen an einer Lösung für genau dieses Problem arbeiten. Ein Hersteller von Textilprodukten aus Hessen untersucht engmaschige Stoffe, die verhindern sollen, dass die Stoffwechselprodukte der Milben aus den Matratzen herauskommen, beziehungsweise es den Milben unmöglich machen, in die Matratze einzudringen. Ein Unternehmen der Druckindustrie versucht mit demselben Ziel, die Stoffe der Matratze entsprechend zu bedrucken. Alle Unternehmen haben unabhängig voneinander erkannt, dass Milben in Matratzen ein Problem mit sehr hohem

Potenzial darstellen. Und vielleicht denken ja auch Sie in diesem Moment an eine Lösung, wie mit dem Know-how Ihrer Branche Milben aus Matratzen vertrieben werden können.

Selbstverständlich kann die Problemsuche auch auf eine Branche, eine Zielgruppe oder eine Region eingeschränkt werden. Hierzu werden entsprechende Randbedingungen formuliert. So kann beispielsweise die Heizungsfirma systematisch nach Problemen ihrer Privatkunden suchen. Vorteil dieser Methode ist, dass gezielt nach neuen Ideen gesucht wird, die zu dem eigenen Unternehmen passen. Gleichzeitig verringert man dadurch aber die Aussichten, wirklich neue Märkte zu entdecken und zu erschließen.

Randbedingungen formulieren

Bei der Problemauswahl, symbolisiert durch den Stiel des Sektkelchs, werden anschließend die einzelnen Vorschläge mithilfe einer geeigneten Auswahlformel bewertet. Wie dies genau funktioniert, werde ich Ihnen im folgenden Kapitel ausführlich erklären. Die Festlegung auf ein zu bearbeitendes Problem wird durch ein kleines Expertenteam getroffen. Nach der Entscheidung für ein Problem folgt die nächste Stufe: die Problemlösung.

Problemauswahl im Expertenteam

Problemlösung

Auch bei der Problemlösung geht am Anfang – wie schon bei der Problemsuche – Masse vor Klasse. Aufgabe ist es, so viele Lösungsansätze wie möglich zu finden. Auch hier hat es sich bewährt, Lösungen durch unterschiedliche Personen erarbeiten zu lassen. Hier gilt es jedoch, möglichst viele Experten einzubinden. Bei der Problemlösung stellt sich immer die Frage: Wer könnte sich mit diesen oder ähnlichen Problemen bereits befasst haben? Denken Sie aber auch hier möglichst breit. In manchen Unternehmen heißt es stereotyp: »Da fragen wir unsere Techniker, die haben sich schon oft mit dem Problem beschäftigt und sind die Experten auf diesem Gebiet.« Bedenken Sie: Wenn Sie immer dieselben Leute befragen, werden Sie auch immer die gleichen Lösungsansätze bekommen.

Masse vor Klasse

Wer hat sich schon mit dem Problem befasst?

Ein Hersteller von Seitenkanalverdichtern (eine spezielle Art von Ventilator) suchte nach einer Lösung, um die Geräuschentwicklung dieser Ventilatoren zu minimieren. Ein Ventilator ist ein drehendes Teil, durch dessen Drehbewegung ein Medium, hier Luft, in Bewegung versetzt wird. Dabei entstehen Geräusche, die es zu verringern gilt. Über die Frage, wer sich mit dieser Aufgabenstellung schon befasst hat, kam man auf einen Bereich, bei dem die Lösung dieses Problems geradezu lebenswichtig ist: den U-Boot-Bau. Dort hat man schon über viele Ansätze nachgedacht, wie sich die Antriebseinheit von U-Booten geräuschärmer gestalten lässt. In diesem Umfeld findet man folglich Experten, die weiterhelfen können.

Lösungsauswahl nach der Auswahlformel

Dieses Beispiel zeigt eine »gezielte Ideenerzeugung«, bei der für ein spezielles Problem eine Lösung gesucht wird. Die Stufe der Problemlösung endet wiederum mit einer Auswahl, nämlich mit der Lösungsauswahl durch ein Expertenteam nach der Auswahlformel.

Lösungsvermarktung

Da wir mit der Sektkelch-Strategie das Ziel verfolgen, aus möglichst vielen Problemstellungen die Probleme mit einem hohen (Vermarktungs-)Potenzial herauszufiltern, werden wir oft auch hervorragende Ideen entdecken, die weder zu unserem Kerngeschäft noch zu unserem Unternehmen passen. Viele dieser Ideen können dennoch verwertet werden.

Verkauf oder eigene Umsetzung der Idee?

Die Lösungsvermarktung bildet die dritte Stufe im Innovationsprozess. Dabei kann »Vermarktung« sowohl den Verkauf der Idee als auch die eigene Umsetzung der Idee bedeuten. Mit den vorgestellten Methoden zur Lösungsvermarktung möchte ich Sie außerdem dazu bewegen, ganz gezielt nach neuen Vermarktungsmöglichkeiten für Ihre derzeitigen Produkte zu suchen.

Wenn Sie den folgenden Abschnitt lesen, schlagen Sie bitte das Buch nicht mit der Bemerkung »Der spinnt« zu. Ich möchte

Sie ermuntern, wenigstens bis zum Ende des Kapitels weiterzulesen.

Haben Sie schon einmal darüber nachgedacht, Ihre Produkte künftig nicht zu verkaufen, sondern zu »verschenken«? Die Absatzzahlen würden deutlich nach oben gehen. Der Vertrieb wäre begeistert, denn Verschenken ist einfacher als Verkaufen. Nun werden Sie sagen: »Klar gehen die Absatzzahlen nach oben; dafür werden die Umsatzzahlen dramatisch nach unten gehen!« Stimmt natürlich. Aber erinnern Sie sich noch an die Zeit, als man für Autoanzeigen in der Tageszeitung oder im Wochenblatt Geld bezahlen musste? Normalerweise schlug eine solche Anzeige mit 30 bis 50 DM zu Buche. Dann erschienen die ersten Zeitungen, bei denen der Anzeigenplatz kostenlos war – das war die Zeit der Zeitungen für kostenlose private Kleinanzeigen. Zum Ausgleich verlangten die Verlage von den Zeitungskäufern einen Obolus von 2,50 DM. Es dauerte nicht lange und man brauchte die Zeitungen nicht mehr zu kaufen, da die Anzeigen kostenlos über das Internet abgerufen werden konnten. Ein zusätzlicher Nutzen wurde hierbei durch die vielen Filtermöglichkeiten geboten. Inzwischen ist der Automarkt aus den Tageszeitungen so gut wie ganz verschwunden, auch einige der privaten Anzeigenblätter sind nicht mehr auf dem Markt. Die Internetportale bieten das Einstellen und Sichten der Autoanzeigen umsonst an, dennoch kommen sie zu Einnahmen. Sie verdienen ihr Geld in erster Linie über Werbeeinnahmen, die sie generieren können, da sehr viele Menschen diese Seiten besuchen. Vergleichbares geschieht bei allen Suchmaschinen wie Google.de oder den Preisvergleichanbietern wie billiger.de. Immer wird die primäre Leistung »verschenkt«, und die Einnahmen werden über eine Sekundärleistung generiert, die oft einer anderen Zielgruppe angeboten wird.

Primäre Leistung verschenken, Sekundärleistung generieren

❗ Merke: Innovation ist ein leicht verderbliches Gut und den Flexiblen gehören die Märkte von morgen.

Nun werden Sie vielleicht sagen: »Ist ja alles schön und gut, doch wie finde ich denn nun die Probleme, wie kann ich die gefundenen Probleme lösen und wie wird ein Geschäft daraus?« Um Ihnen darauf Antworten zu geben, wurde sowohl für die Techniken zur Problemsuche als auch für die Methoden zur Lösung und zur Vermarktung der Ideen jeweils ein eigenes Kapitel geschrieben.

Lassen Sie mich die Sektkelch-Strategie noch einmal kurz in einem Bild zusammenfassen.

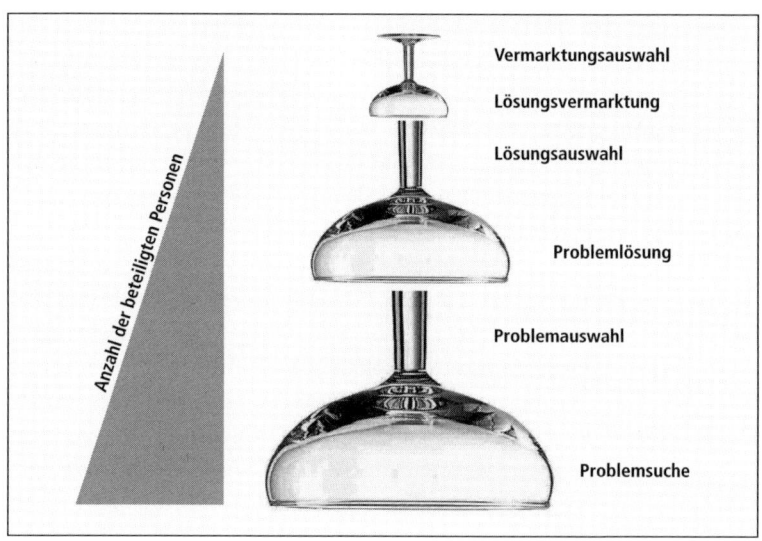

Die Sektkelch-Strategie

Die Auswahlformel

Hauptauswahl-kriterium Profit

Fragen Sie deutsche Führungskräfte nach den Hauptzielen ihres Unternehmens, so bekommen Sie unter anderem folgende Punkte zu hören: Mitarbeitermotivation, hohe Qualität, guter Service, Preisführerschaft, Kundenzufriedenheit usw. Sicher sind hohe Qualität, niedrige Preise und zufriedene Kunden wichtige Ziele für jedes Unternehmen. Aber natürlich liegt das Hauptziel eines Unternehmens darin, Gewinne zu erwirtschaften. Hauptauswahlkriterium für all unsere Überlegungen ist folglich der zu erwartende Profit für unsere neuen Ideen.

Jeder kann dabei selbst entscheiden, ob er sich dem Druck der Kunden, Lieferanten und des Wettbewerbs im eigenen begrenzten Markt aussetzt oder ob er sich auf die Suche nach neuen Märkten macht. Immer wieder höre ich an dieser Stelle die Argumentation: »Ich bin doch nicht selbstständig und habe auch nichts mit irgendwelchen Märkten zu tun.« Darauf kann ich nur antworten: Oh doch. Nicht jeder von uns ist Unternehmer, aber wir alle sind quasi selbstständig, denn schließlich bieten wir alle selbstverantwortlich zumindest unsere Arbeitskraft an. Und denken Sie daran, dass wir uns nicht nur in unserem Berufsleben in Märkten mit Kunden und Wettbewerb bewegen. Auch eine Partnerschaft stellt einen solchen Markt dar. Hier ist es besonders dramatisch, wenn unser »Kunde« zum Wettbewerb wechselt, weil wir ihn nicht mehr mit neuen Ideen begeistern können.

Viele Unternehmen, die vor der Aufgabe stehen, neue Produkte auf den Markt zu bringen, entscheiden sich für den vermeintlich einfacheren Weg der Produktweiterentwicklung, selbst wenn sie über den Weg, völlig neue und andersartige Produkte zu entwickeln, noch unerschlossene Märkte erobern könnten.

Keine Scheu vor neuen Märkten

Wir brauchen neue Märkte, um langfristig erfolgreich zu bleiben. Nur mit wirklich neuen Produkten können wirklich neue Märkte erschlossen werden. Und diese neuen Produkte müssen in die betreffenden Märkte eingeführt und bekannt gemacht werden. Je mehr Potenzial diese Märkte bieten, desto höher sind sowohl das zu erwartende Absatzvolumen als auch die zu erzielende Gewinnspanne und damit letztendlich der zu erwartende Profit. Der zu erwartende Profit ist genau das Auswahlkriterium, auf dem die Sektkelch-Strategie im Wesentlichen aufbaut. Sie erlaubt bereits in den frühen Phasen des Innovationsprozesses eine Auswahl der Probleme nach den Kriterien Marktpotenzial, Kundennutzen und Marketingmöglichkeiten. Erst nach der Auswahl eines geeigneten Problems erfolgt die Lösungsbearbeitung.

So bleiben Sie langfristig erfolgreich

Der zu erwartende Profit lässt sich mithilfe der Auswahlformel wie folgt ermitteln:

> **Zu erwartender Profit**
>
> =
>
> **Erfolgswahrscheinlichkeit x Absatzvolumen x Gewinnspanne**

Hieraus ergeben sich folgende Zusammenhänge:

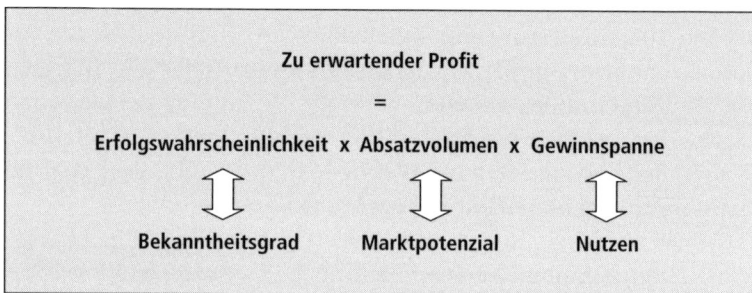

Zu erwartender Profit

Erfolgswahrscheinlichkeit

Die Erfolgswahrscheinlichkeit hängt dabei in erster Linie vom Bekanntheitsgrad ab. Das bedeutet: Je einfacher ich ein neues Produkt mit entsprechenden Marketingmaßnahmen oder Kooperationen in den neuen Märkten bekannt machen kann, desto höher die Erfolgswahrscheinlichkeit.

Der Bekanntheitsgrad ist essenziell

Es gibt genügend Produkte, die mit geringstem Werbebudget in Windeseile einen Markt erobert haben. Denken Sie zum Beispiel an die Networking-Plattform XING (früher openBC), die durch Weiterempfehlungen der eigenen Mitglieder bekannt gemacht wurde. Oder an die Einführung von Red Bull, dem koffeinhaltigen Getränk aus Österreich, bei dem die anfänglichen Verbotsdiskussionen in den Medien zu einem regelrechten Hype und einer großen Nachfrage führten. Den Managern bei Red Bull ist klar, welche Bedeutung der Bekanntheitsgrad für die Marke hat. Heute wendet das Unternehmen im Jahr circa 900 Millionen Euro für

Marketingmaßnahmen auf. Das entspricht einem Drittel seines Jahresumsatzes.

Müsste ich mich entscheiden zwischen einer fantastischen technischen Lösung, die sich jedoch nur sehr schwer bekannt machen lässt, und einer weniger guten Idee, über die aber ganz sicher in den Medien berichtet wird oder über die sich die potenziellen Kunden untereinander unterhalten werden, so würde ich die zweite Idee in jedem Fall vorziehen. Nach meiner Auffassung ist der Bekanntheitsgrad das wichtigste Kriterium für den Erfolg eines neuen Produkts.

Bekanntheitsgrad vor Innovationstiefe

Es gibt jede Menge Bücher über das Thema Innovationen, Innovationsmanagement und Kreativität. Nur selten aber werden die Marketingansätze mit den Innovationsprozessen verbunden. Dabei drängt sich diese Verbindung förmlich auf. Denn was hilft es, die besten Ideen zu haben, wenn keiner von ihnen erfährt?

Erfolgsformel: Innovationsprozess + Marketingansatz

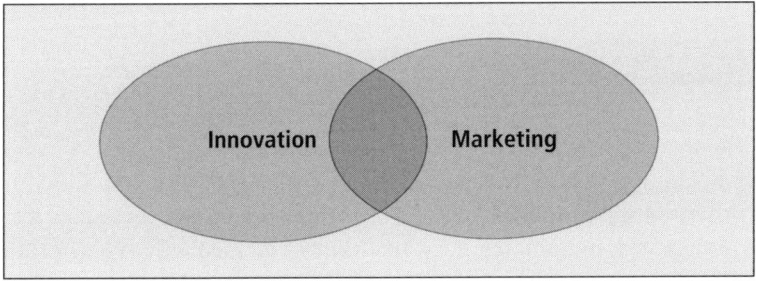

Verbindung Innovation und Marketing

Absatzvolumen

Das Absatzvolumen wird in erster Linie bestimmt durch das Marktpotenzial. Das Marktpotenzial gibt an, ob für ein Produkt oder eine Dienstleistung ein Absatzmarkt besteht und ob dieser bereit ist, das Angebot aufzunehmen. Ermittelt werden die möglichen Absatzmengen sowie der vom Kunden vermutlich akzeptierte Preisrahmen.

Positionierung durch Marktpotenzialanalyse

Um ein Produkt erfolgreich zu positionieren, suchen die Anbieter freie beziehungsweise noch aufnahmefähige Marktsegmente. Die Märkte werden dabei immer stärker unterteilt. Je stärker ein solcher Markt erschlossen ist, desto feiner wird seine Segmentierung sein. In vielen Märkten geht diese Unterteilung so weit, dass man nicht mehr von einer Segmentierung, sondern vielmehr von einer Fragmentierung der Märkte sprechen muss. Die wirklich großen Marktsegmente bleiben oftmals den Marktführern vorbehalten. Die Marktnischen sind jedoch zum Teil so klein, dass sie nicht genügend Potenzial bieten und ein Wachstum in diesem Marktsegment ausgeschlossen ist. Es macht also Sinn, sich auf die Suche nach neuen und unerschlossenen Märkten zu machen. Um mögliche Absatzvolumen und Marktpotenziale zu ermitteln, kann eines der zahlreichen Beratungsunternehmen beauftragt werden, die sich auf das Gebiet der Marktpotenzialanalyse spezialisiert haben. In den meisten Fällen reicht aber schon die eigene Marktkenntnis, um die Marktpotenziale der Größe nach ordnen zu können.

Gewinnspanne

Hoher Nutzen = hohe Gewinnspanne

Die Gewinnspanne hängt natürlich in erster Linie vom Nutzen ab, den wir unseren Kunden bieten können. Denken Sie nur an das Medikament Sildenafil, den meisten besser bekannt unter dem Namen Viagra. Das 1989 von der Firma Pfizer auf den Markt gebrachte Medikament dient zur Behandlung der erektilen Dysfunktion beim Mann. Offensichtlich ist der Nutzen für die Kunden so groß, dass der spezifische Preis (Preis pro Kilo) für Viagra deutlich über dem von Gold liegt. Pfizer konnte mit diesem Produkt nur den Markt der Männer erschließen. Ein ähnlich gewinnbringender Markt für Frauen konnte bislang noch nicht erschlossen werden.

> **❗ Merke: Wer es schafft, vielen Menschen einen Nutzen zu bieten, den nur wenige anbieten, wird dafür reich belohnt.**

Der Umgang mit der Auswahlformel

In die Auswahlformel für den zu erwartenden Profit werden keine absoluten Werte eingesetzt, sondern es wird ein Punktesystem eingeführt, durch das die gefundenen Probleme, Lösungen und Vermarktungsmöglichkeiten Zeile für Zeile bewertet und miteinander verglichen werden können. Dass für mich die Erfolgswahrscheinlichkeit aufgrund des Bekanntheitsgrades den bedeutendsten Punkt für den zu erwartenden Profit bei neuen Produkten darstellt, habe ich bereits erwähnt. Daher bekommt dieser Faktor in unserem Punktesystem maximal 50 Punkte. Es folgt die Gewinnspanne mit maximal 40 Punkten und das Absatzvolumen mit maximal 30 Punkten. Die unterschiedlichen Maximalpunktzahlen spiegeln die unterschiedliche Gewichtung der Faktoren wider. Natürlich ist es jedem freigestellt, die Skalierung und die Gewichtung nach eigenen Vorstellungen zu ändern.

Punktesystem zur Bewertung der Lösungen

Zur Bewertung empfiehlt es sich, die einzelnen Faktoren zu untergliedern. Wie so etwas aussehen kann, zeigt die Aufstellung auf der nächsten Seite. Je nach Anforderung und Zielsetzung müssen die Bewertungspunkte verändert werden. Und auch die Fragen müssen an die eigene Situation angepasst werden. Wie bei der Erstellung eines Businessplans werden hier alle relevanten Faktoren bewertet. Wie das aussieht, sehen Sie in Kapitel 5. Je nach Aufgabenstellung, Randbedingungen und Sichtweise kann es auch sein, dass die einzelnen Fragen zwischen den Bereichen wechseln oder gleichzeitig in mehrere Bereiche passen.

Bewertung an Anforderungen/ Zielsetzung anpassen

Wie kann das sein? Wenn wir unsere Produkte zum Beispiel in einem absoluten Verdrängungsmarkt anbieten wollen, so beeinflusst das sowohl das Absatzvolumen als auch die Gewinnspanne. Dies muss in den Fragestellungen berücksichtigt werden. Natürlich wäre es schön, eine Idee zu finden, die für den Kunden einen sehr hohen Nutzen bietet und die sich zudem noch sehr leicht bekannt machen lässt. Wenn aber für deren Umsetzung riesige Investitionen notwendig sind, die durch uns nicht erbracht werden können, dann scheidet diese Idee aus. Auch dies muss im **Bewertungssystem** berücksichtigt werden.

Bewerten Sie, um Vergleichbarkeit herzustellen

Es soll an dieser Stelle nochmals ausdrücklich darauf hingewiesen werden, dass mit einem solchen Bewertungssystem lediglich ein Hilfsmittel geschaffen wird, um eine Vergleichbarkeit herzustellen. Wie bei vielen anderen Zahlen aus der Betriebswirtschaft sind auch diese Ergebnisse keineswegs so eindeutig messbar, wie es scheint. Sehr wohl gibt uns dieses Bewertungssystem allerdings die Möglichkeit, eine gewisse Rangfolge abzulesen. Es kann unterschieden werden zwischen sehr guten und weniger guten Ansätzen. Uns interessieren natürlich die Ansätze auf den vordersten Rängen. Am Ende ist hierbei wie so oft im Leben der gesunde Menschenverstand gefragt.

3. Suchen Sie breit nach Problemen!

Erster wichtiger Ansatz der Sektkelch-Strategie ist die breit angelegte Suche nach Problemen und die gezielte Formulierung der gefundenen Probleme. Im Bild der Sektkelch-Strategie wird die breite Suche nach Problemen durch den großen Kelch dargestellt. Der Stiel symbolisiert die anschließende Auswahl der »richtigen« Probleme nach dem Auswahlkriterium »höchster zu erwartender Profit«. In diesem Kapitel möchte ich Ihnen zeigen, wie Sie auf die Probleme Ihrer Umwelt aufmerksam werden. Die Problemsuche gibt uns die wunderbare Möglichkeit, alle Mitarbeiter des Unternehmens in den Innovationsprozess einzubinden. Dabei spielt es keine Rolle, welche Funktionen diese Personen im Unternehmen haben. Das Motto lautet: Je mehr unterschiedliche Personen mitmachen, desto besser. Ziel ist es, neue Ideen zu entwickeln, die sich am Nutzen für den Kunden orientieren. Nutzen finden heißt Probleme suchen – und das kann jeder.

Binden Sie alle Mitarbeiter ein

Natürlich können Sie einen Kundennutzen nicht nur dann finden, wenn Sie gezielt nach Problemen suchen. Das Wort »Problem« ist an dieser Stelle vielmehr ein Platzhalter für alle Begriffe, aus denen sich letztlich ein Nutzen ableiten lässt. Dies können zum Beispiel sein:

Woraus lässt sich ein Nutzen ableiten?

- Probleme
- Wünsche
- Träume
- Fragen
- Geheimnisse
- Schwierigkeiten
- Fantasien

- Sehnsüchte
- Ängste
- Missstände
- Bedürfnisse

Erst wenn Sie die Wünsche, Träume und Ängste der Menschen kennen, können Sie eine Lösung erarbeiten und anbieten. Obwohl das Wort Problem negativ belegt ist, beschreibt es für mich doch am besten den zentralen Ansatz der Sektkelch-Strategie: Nutzenorientierung durch Problem-Suche. Daher werde ich auch für die weiteren Teile dieses Buchs den Begriff Problem verwenden. Außerdem glaube ich, dass es den meisten Menschen leichter fällt, über Probleme zu reden als über Fantasien, Sehnsüchte und Ängste. Natürlich können Sie für sich jederzeit das Wort Problem durch eine der anderen Begrifflichkeiten ersetzen.

Doch wie findet man die Probleme seiner Umwelt?

Der Problemworkshop

Die besten Ideen stecken in den Köpfen Ihrer Mitarbeiter

Mein Tipp: Organisieren Sie einen Problemworkshop. Der Problemworkshop hat gleich mehrere Vorteile. Zum einen lässt er sich problemlos in jedem Unternehmen, in jeder Abteilung oder auch einfach mit den eigenen Freunden durchführen. Alle interessierten Menschen können am Problemworkshop teilnehmen. Die Teilnehmer werden motiviert, aktiv in den Innovationsprozess mit einzugreifen, egal ob mit einem Verbesserungsvorschlag für den eigenen Arbeitsplatz, einer neuen Geschäftsidee, einer pfiffigen Vertriebs- und Marketingidee oder einem innovativen Ansatz für eine Kooperation. Die besten Ideen stecken in den Köpfen der Mitarbeiter eines Unternehmens.

! Merke: Es gibt nichts, was man nicht noch verbessern kann.

Es sind keinerlei externe Investitionen oder gar teure Berater notwendig. Der Problemworkshop bietet eine einfache und kostengünstige Möglichkeit, von den Ideen der Mitarbeiter zu profitieren. Gleichzeitig kann die Motivation der Teilnehmer gefördert werden. Für die Mitarbeiter wird durch die gemeinsame Problemsuche eine Methode bereitgestellt, die es jedem erlaubt, seine Ideen einzubringen. Die strikte Trennung von Problemsuche, Problemauswahl und anschließender Problemlösung sorgt dafür, dass es keine »schlechten« Ideen gibt. Kein Teilnehmer läuft Gefahr, sich durch seine Vorschläge zu blamieren. Ganz im Gegenteil. Durch die Gruppe und die gemeinsame Aufgabenstellung der Problemsuche wird jeder Teilnehmer motiviert, möglichst viele Probleme aufzuspüren und zu formulieren, ohne sie in diesem frühen Stadium schon zu bewerten. Dadurch kann jeder selber Veränderungen und Verbesserungen initiieren.

Die gemeinsame Aufgabenstellung motiviert alle

Bei der Auswahl gibt es dann lediglich Probleme mit größerem oder mit kleinerem Potenzial. Die Punktebewertung der Auswahlformel sorgt für die nötige Objektivität und Qualität bei der Auswahl der gefundenen Probleme.

Der Problemworkshop hilft, Mitarbeiter zum Neudenken und Querdenken anzuregen. Er macht den Menschen Mut, sich auf Veränderung einzustellen. Veränderung basiert auf kleinen oder größeren Abweichungen vom Bisherigen. Dies gilt auch, oder besonders, für Unternehmen. Durch eine immer schnellere Entwicklung ergibt sich die Notwendigkeit, das Tempo der Veränderung zu erhöhen. Mitarbeiter, die in den Veränderungsprozess eingebunden sind, reagieren positiver auf Veränderungen und initiieren diese sogar selbst, um damit auch langfristig den privaten und beruflichen Erfolg zu sichern.

Neudenken und Querdenken

! Merke: »Überleben wird der, der es fertigbringt, sich am schnellsten anzupassen.«
Charles Darwin

Insgesamt müssen Sie für den Problemworkshop (Problemsuche und -auswahl) mit einem Zeiteinsatz von rund 10–20 Stunden rechnen. Zuerst vermitteln sie den Teilnehmern die Quintessenz der Sektkelch-Strategie. Hierzu benötigen Sie circa 60 Minuten. In den folgenden zwei Wochen treffen sich alle Teilnehmer einmal am Tag für circa 10 Minuten, um die gefundenen Probleme gemeinsam zu sammeln. Es ist wichtig, dass das Zusammentragen der Ideen in der Gruppe geschieht. Die Auswahl und die Bewertung der Probleme benötigen im Allgemeinen die meiste Zeit. Hierfür sollten Sie sich auch die meiste Zeit nehmen, da mit der Auswahl der Grundstein für den späteren Erfolg gelegt wird. Je nach Erfahrung mit der Sektkelch-Strategie und Aufgabenstellung sollten Sie für die Auswahl mit circa ein bis zwei Tagen rechnen.

Ziel des Problemworkshops ist die Sensibilisierung für Probleme. Eine Möglichkeit, Menschen für die Suche nach Problemen zu sensibilisieren, ist die Methode der Signalwörter.

Die Methode der Signalwörter

Mit dieser Methode erreicht man ein höheres Maß an Sensibilisierung. Man bekommt ein »vorgespanntes Verständnis« für Probleme und damit einhergehend eine gehobene Bereitschaft des Organismus, auf entsprechende Reize zu reagieren. Wie die Methode der Signalwörter funktioniert, möchte ich Ihnen am Beispiel der Signalwörter in der Partnerschaft zeigen.

Signalwörter in der Partnerschaft

Signalwörter stehen für Verhaltensweisen
Ein Signalwort in der Partnerschaft ist für mich beispielsweise das Wort Zahnpastatube. Das Wort wirkt wie ein Signal und ich reagiere äußerst sensibel bei diesem Wort. Vielleicht kennen Sie das ja selber. Die Zahnpastatube liegt mit offenem Deckel auf dem Waschbecken. Selbstverständlich ist es kein Problem, den Deckel

der Zahnpastatube zu schließen, die Tube in den Schrank zu stellen und das Waschbecken abzuwischen. Ich brauche das Wort Zahnpastatube nur zu denken, da höre ich schon die Stimme meiner Frau, die fragt: »Und warum machst du es dann nicht?«

Es gibt natürlich noch viele weitere Beispiele für typische Signalwörter in der Partnerschaft wie die Socken vor dem Bett, die Unterhose vor der Dusche, das nasse Handtuch auf dem Bett, der hochgeklappte Klodeckel, die hohe Telefonrechnung oder der vergessene Hochzeitstag.

Nehmen wir das Beispiel Geschenke. Welcher Mann wundert sich nicht über das hervorragende Gedächtnis seiner Frau, wenn es um das Thema Weihnachtsgeschenke geht. Meine Frau hat jedes Jahr schon lange vor Weihnachten ein Geschenk für mich gefunden. Ich ziehe mit den anderen Männern am 23. oder 24. Dezember durch die Einkaufspassagen und warte dort auf die göttliche Eingebung. SIE kann sich einfach merken, was MAN(N) sich das Jahr über gewünscht hat. Bei Männern scheint die Signalwirkung des Satzes »Oh, ist das schön, das könnte mir auch gefallen« eben nicht so stark ausgeprägt zu sein. Die Fähigkeit, solche Signale zu empfangen, ist manchen Menschen offensichtlich gegeben. Sie lässt sich aber auch trainieren, wie ein Muskel. Ich nehme an, dass es auch für Sie typische Signalwörter gibt, auf die Sie besonders sensibel reagieren. Und je öfter das entsprechende Ereignis eintritt, desto sensibler werden wir.

Signale empfangen zu können ist Trainingssache

Signalwörter bei der Problemsuche

Genau wie bei der Partnerschaft gibt es auch bei der Problemsuche Signalwörter, auf die wir sensibel reagieren sollten. Die Signalwörter der Problemsuche zeigen uns, dass wir selbst oder andere Menschen gerade ein Problem haben. Denken Sie an unser Beispiel mit dem Supermarktparkplatz und der Kühlung geparkter Fahrzeuge. Stellen Sie sich eine solche Situation kurz vor. Ein Fahrzeug steht bei brütender Hitze für mehr als eine Stunde auf einem Parkplatz. Der Besitzer kommt zurück zu seinem Auto und

Problemformulierung nach Signalen

öffnet die Tür. Wie reagiert der Besitzer? Es könnte sein, dass er mit einem Stöhnen feststellt: »Puh – ist das heiß in dem Auto!« Vielleicht macht er sogar noch einen halben Schritt zurück, um nicht direkt der Hitze, die ihm aus dem Fahrzeuginneren entgegenschlägt, ausgesetzt zu sein. Sowohl der Ausspruch »Puh – ist das heiß« als auch die Körpersprache – hier das Zurückweichen – sind deutliche Signale für ein Problem. Mit diesem Signal wird jedoch nur auf das Problem hingewiesen. Nun liegt es an Ihnen, die richtige Problemformulierung zu finden. Für unser Beispiel könnte die Problemformulierung lauten »Kühlung geparkter Fahrzeuge im Sommer«.

Beobachten Sie doch einmal ganz gezielt andere Menschen oder vielleicht sogar Ihre Kunden. Achten Sie dabei auf Aussprüche wie:
• Dass es da noch nichts gibt.
• Das geht nicht.
• Das ist so mühsam.
• Das ist viel zu klein, groß, dick, dünn usw.
• Warum ist das schon wieder so dreckig, kalt, krumm usw.

Warum kann da keiner etwas erfinden, um Abhilfe zu schaffen? Die Antwort auf diese Frage lautet ganz einfach: Weil bislang keiner aufmerksam zugehört hat.

Übung: Problemdokumentation im Alltag

Im Rahmen des Problemworkshops können Sie folgende Übung machen:

Die Teilnehmer sollen in einem nahe gelegenen Einkaufszentrum oder Baumarkt für circa 15 bis 30 Minuten andere Menschen beobachten und dokumentieren, welche Probleme die Kunden beim Einkaufen haben. Zum Teil sind es Kleinigkeiten wie die zu klein geschriebenen oder gar nicht vorhandenen Preisschilder, die lange Schlange an der Kasse oder der fehlende Euro für den Einkaufswagen.

Versuchen Sie es einfach bei Ihrem nächsten Einkauf selber einmal. Sie werden schnell sehen, wie einfach es ist, Probleme der eigenen Umgebung zu erkennen. Achten Sie dabei sowohl auf die oben aufgeführten Signalsätze wie auch auf entsprechende Gesten. Wie schon gesagt, zeigt uns oft auch die Körpersprache unserer Mitmenschen, wenn diese ein Problem haben. Versuchen Sie zu helfen. Notieren Sie sich die Probleme. Denken Sie an dieser Stelle noch nicht über eine Lösung für das Problem nach. Wenn Sie diese Übung wiederholen, werden Ihnen immer mehr Menschen mit Problemen auffallen. Die Sensibilisierung für Probleme anderer Menschen hat begonnen. Sie sind »infiziert«. Der »Virus« nutzenorientierte Innovation hat sie befallen. Ab jetzt werden Sie in der komfortablen Situation sein, aus vielen Ideen die beste auszuwählen.

Probleme dokumentieren

Ganz wichtig ist es an dieser Stelle, die entdeckten Probleme zu dokumentieren. Ich selber habe dazu früher die Aufnahmefunktion in meinem Handy genutzt. Seit einiger Zeit wird über SpinVox.com ein kostenloser Dienst angeboten, der Sprachnachrichten in Textnachrichten umsetzt und an eine angegebene E-Mail-Adresse verschickt. Der Dienst ist innerhalb weniger Minuten eingerichtet und die Spracherkennung funktioniert erstaunlich präzise. Über eine »normale« Festnetznummer erreichen Sie den SpinVox-Server. Ihre Handynummer wird vom Server erkannt. Sie sprechen Ihre Nachricht wie bei einem Anrufbeantworter auf und erhalten innerhalb weniger Minuten den Text als E-Mail. Damit gehört die Suche nach einem Stück Papier und einem Kugelschreiber der Vergangenheit an. Da ich selber meine Ideenliste in einer Word-Datei führe, brauche ich nur noch den Text aus der E-Mail in die Ideenliste zu kopieren.

Das Innovationsteam

Wer kann alles an einen Problemworkshop teilnehmen? Hierzu gibt es eine ganz einfache Regel: Möglichst viele Menschen. Je unterschiedlicher diese Menschen sind, desto besser.

Vielleicht kennen Sie den folgenden Spruch. Wer eine Immobilie kaufen möchte, sollte auf die drei wichtigsten Dinge achten:
1. Lage
2. Lage
3. Lage

So ähnlich ist es beim Innovationsprozess. Wer wirklich neue und nutzenorientierte Ideen entwickeln möchte, der sollte auf die drei wichtigsten Dinge achten:
1. Mitarbeiter
2. Mitarbeiter
3. Mitarbeiter

Die Mitarbeiter in einem Unternehmen sind die wichtigste Informationsquelle für neue Ideen, die sich am späteren Nutzen orientieren. Das ist einfach zu erklären, denn sie kennen am besten die internen und externen Probleme der Unternehmensumwelt. Sie wissen, welche innerbetrieblichen Abläufe effizienter gestaltet werden können. Sie wissen, an welchen Punkten es Zeit wird, die Arbeitsbedingungen der Mitarbeiter zu verbessern. Sie kennen die Probleme, Wünsche und Beschwerden der Kunden. Sie kennen das Image und den Bekanntheitsgrad der Firma, und sie sehen, was der Wettbewerb besser macht. Erfolgreiche Führungskräfte (und solche, die es werden wollen) denken viel darüber nach, wie sie dieses Potenzial nutzen können. Das Innovationsteam hat die Aufgabe, die Probleme der Unternehmensumwelt zu erkennen, zu formulieren und zu dokumentieren. Nur wer »große« Probleme formulieren kann, wird die »richtigen« Probleme lösen und damit einen hohen Nutzen bieten. Das ist die Grundlage für künftigen Erfolg.

! Merke: Den wahren Wert eines Unternehmens findet man nicht in den Bilanzen, sondern in den Köpfen der Mitarbeiter.

Die Kunst besteht darin, möglichst viele Menschen zu motivieren, bei der Suche nach Problemen mitzuwirken, beziehungsweise darin, mögliche Ängste zu vermeiden und die natürlicherweise vorhandene Motivation nicht zu stören. Ich selber habe die Erfahrung gemacht, dass man die meisten Menschen gar nicht wirklich motivieren muss, sondern dass sie vielmehr von sich aus mit großer Begeisterung bereit sind, am künftigen Erfolg mitzuarbeiten – wenn man sie nur lässt. Innovationsprozesse scheitern nicht an der fehlenden Motivation der Mitarbeiter, sondern vielmehr an der Angst jedes Einzelnen, sich mit den eigenen Vorschlägen zu blamieren.

Viele Mitarbeiter sind motiviert, aber zurückhaltend

Da beim Problemworkshop nicht vorrangig nach Lösungen, sondern nach Problemen gesucht wird, kann sich jeder gefahrlos am Innovationsprozess beteiligen und selber Veränderungen und Verbesserungen initiieren. Es gibt zwar schlechte Lösungen und schlechte Ergebnisse, es gibt jedoch keine »schlechten« Probleme oder auch Wünsche. Die Suche nach Problemen statt nach Lösungen schaltet somit die Gefahr aus, sich zu blamieren.

Bei der Problemsuche kann sich niemand blamieren

Durch den Problemworkshop können Sie alle Mitarbeiter am künftigen Erfolg des Unternehmens teilhaben lassen. Egal ob Vertriebs-, Marketing- oder Kundendienstmitarbeiter, ob Chef oder Lehrling, im Innovationsteam sind alle willkommen, die neugierig sind – oder es (wieder) werden wollen.

Innerhalb des Innovationsteams sind die typischen Schnittstellen zwischen Abteilungen und Hierarchieebenen aufgehoben. Einzelkämpfertum, Berührungsängste, Rivalitäten und Missgunst können so abgebaut werden. Gleichzeitig entsteht durch die gemeinsame Arbeit und die Diskussionen innerhalb der Gruppe ein Verständnis für die Belange der anderen. Durch die Fragen der Auswahlformel sind die Mitarbeiter gezwungen, den Blickwinkel zu verändern und auch die Sichtweise anderer Unternehmensbe-

Der Blickwinkel der Mitarbeiter verändert sich

reiche einzunehmen. Plötzlich erkennt etwa der Techniker, dass es profitabler sein kann, eine technisch anspruchslose Idee umzusetzen, die sich einfach bekannt machen lässt, als zu versuchen, ein Hightech-Produkt zu platzieren, von dem keiner redet. Die Vertriebsprofis begreifen, dass nicht Produkte verkauft werden, sondern Nutzen; und die Betriebswirtschaftler sehen ein, dass sich in Märkten ohne Konkurrenz der Verkaufspreis nicht aus der Kalkulation, sondern aus dem Nutzen für den Kunden ergibt.

Neue Mitarbeiter sind noch nicht »betriebsblind«

Versuchen Sie, wenn möglich, Jugendliche in die Gruppen einzubinden. Warum Jugendliche? Ganz einfach – viele Jugendliche sind noch neugieriger als Erwachsene. Sie sind erst seit Kurzem im Unternehmen und sehen dadurch Dinge beziehungsweise verbesserungswürdige Probleme, die anderen Mitarbeitern gar nicht mehr auffallen. Vielleicht ist es Ihnen ja auch schon einmal so gegangen: Sie sind in ein fremdes Unternehmen gekommen und haben innerhalb kürzester Zeit viele Dinge entdeckt, die verbessert werden könnten. Im Laufe der Zeit werden diese Zustände mehr und mehr zur Normalität, bis wir uns so daran gewöhnt haben, dass uns die Probleme gar nicht mehr auffallen. Ermutigen Sie also die »Neuen«, über die Probleme, die sie entdecken, zu reden.

Definieren Sie Ihre Wunschkunden

So weit zu den internen Informationsquellen. Natürlich gibt es auch außerhalb des Unternehmens wichtige Informationsquellen für neue Ideen, die sich am späteren Nutzen orientieren. Allen voran unsere jetzigen – aber auch mögliche künftige – Kunden. Haben Sie schon einmal darüber nachgedacht, welche Kunden Sie künftig gerne hätten? Haben Sie schon einmal eine Liste mit Ihren Wunschkunden für das kommende Jahr aufgestellt? Bereits die Suche nach den Wunschkunden kann zu neuen nutzenorientierten Ideen führen. Außerdem können Kooperationspartner zu einer wichtigen Informationsquelle werden. Stellen Sie sich zu beiden Gruppen einmal folgende Fragen:

- Welchen Nutzen können Sie Ihren Kunden oder Kooperationspartnern bieten?
- Welche Probleme haben Ihre jetzigen oder künftigen Kunden?

- Welcher Nutzen würde den Kunden weiterhelfen?
- Wie können Sie außerdem für die Kunden oder Kooperationspartner interessant werden?
- Welche Kooperationspartner können für Ihre Kunden von Nutzen sein?
- Wie können Unternehmen mit gleicher Zielgruppe zu Ihren Kunden oder Kooperationspartnern werden beziehungsweise welchen gegenseitigen Nutzen können Sie als »Schnittstelle« bieten?
- Welche Zielgruppen bedienen Sie, die für Kooperationspartner von Interesse sein können?
- Welche Multiplikatoren gibt es und an welchen Stellen können Sie Multiplikator sein?

Ein Beispiel: Ein kleiner Verband aus dem Bereich Personaldienstleistung hatte es sich selbst zur Aufgabe gemacht, den eigenen Bekanntheitsgrad zu steigern. Die Verantwortlichen überlegten sich also, welchen Nutzen sie künftigen Mitgliedern und möglichen Kooperationspartnern bieten könnten. Das Hauptproblem der Zeitarbeitsunternehmen besteht darin, den Bedarf an Arbeitskräften mit der Verfügbarkeit von Fachpersonal am Markt schnell, kostengünstig und übersichtlich abzugleichen.

Der Verband stellte ein kostenloses Internetportal zur Verfügung, in das die Zeitarbeitsunternehmen sowohl offene Stellen als auch freies Personal eintragen konnten. Durch die Stellenangebote wurde der Verband zum interessanten Kooperationspartner für die Agentur für Arbeit. Eine direkte Schnittstelle zwischen den Portalen wurde eingerichtet. Die Hersteller von Softwarelösungen für die Branche erkannten schnell den Nutzen des Portals und waren ebenso an der Einbindung durch entsprechende Schnittstellen interessiert. Sowohl der Verband wie auch die Softwareunternehmen wirkten in diesem Moment als Multiplikator zum gegenseitigen Nutzen. Die Zeitarbeitsunternehmen gaben die offenen Stellen in ihr Verwaltungsprogramm ein. Diese Daten konnten automatisch im Portal der Personaldienstleister, auf der Seite der Agentur für Arbeit und auf der eigenen Internetpräsentation der einzelnen Personaldienstleister dargestellt werden. Die

Kooperationspartner als Multiplikatoren

Berichterstattung in den Medien und den speziellen Branchenmagazinen verhalf dem kleinen Verband zu einer enormen Steigerung des Bekanntheitsgrades und der Mitgliederzahlen.

Beobachten Sie Ihre Informationsquellen und versuchen Sie, möglichst viele Probleme zu entdecken. Oder besser noch: Binden Sie so viele Informationsquellen wie möglich in Ihr Innovationsteam ein.

> *Mein Tipp:*
> **Nutzen finden heißt Probleme suchen, und das kann jeder – werden Sie der Initiator für ein Innovationsteam! Lassen Sie Ihre Leute ausschwärmen und Probleme sammeln.**

Innovationsteams sind überall einsetzbar

Da wirklich jeder in einem Innovationsteam mitarbeiten kann, hat auch jeder die Chance, ein Innovationsteam ins Leben zu rufen. Egal ob im Beruf, im Verein oder in der eigenen Familie. Suchen Sie sich möglichst viele unterschiedliche Teammitglieder und veranstalten Sie einen Problemworkshop. Nun werden Sie vielleicht sagen: »Das gehört doch gar nicht zu meinen Arbeitsaufgaben. Außerdem habe ich keinen Auftrag dazu.« Darauf antworte ich Ihnen: Sie haben bereits gesehen, dass für einen Problemworkshop nur sehr wenig Zeit investiert werden muss. Nutzen Sie die Mittagspause mit den Kollegen, das gemeinsame Frühstück mit der Familie oder die Zeit vor dem Training mit der Vereinsmannschaft für die Problemsammlung und entwickeln Sie neue Ideen, mit denen Sie sich differenzieren können.

Ich kenne keinen Vorgesetzten, Kunden oder Kooperationspartner, der negativ reagiert, wenn Menschen eigenständig nach innovativen Wegen suchen, um nutzenorientierte Ideen zu entwickeln, dabei unterschiedliche Ansätze gegeneinander abwägen und dann die Ideen mit dem höchsten zu erwartenden Profit zur gemeinsamen Umsetzung zur Verfügung stellen.

Die »Weight-Watchers«-Methode

Nicht immer kann man sich die Teilnehmer für das Innovations-team aussuchen. Und nicht alle Teilnehmer sind immer gleich motiviert. Manchmal hat man sogar das Pech, dass man »Totalver-weigerer« in das Team einbinden muss. Es gibt aber eine hilfrei-che Methode, um alle Teilnehmer für die Suche nach Problemen zu motivieren. Diese Methode nutzt die Idee der wöchentlichen Treffen der Weight Watchers. Laut Weight Watchers ist es wis-senschaftlich erwiesen, dass man mit den wöchentlichen Treffen eine deutlich höhere Gewichtsabnahme erzielt als alleine. Neben der Beratung ist das »freiwillige« Wiegen einer der wichtigsten Punkte dieser Treffen.

Regelmäßige Treffen machen den Erfolg aus

Keine Angst, in unserem Problemworkshop muss keiner auf die Waage. Bei uns geht es ja nicht um Körpermaße, sondern um die Suche nach Problemen. Die entdeckten und formulierten Proble-me werden auf kleine Kärtchen geschrieben. Um besser ordnen zu können, kommt jedes Problem auf ein extra Kärtchen. Bei der täglichen Problemsammlung, die gemeinsam mit allen Teil-nehmern stattfindet, werden die Kärtchen mit den gefundenen Problemen von den einzelnen Teilnehmern an eine Tafel geheftet. Am ersten Tag werden noch nicht alle Teilnehmer ein Kärtchen haben. Da es aber wirklich jedem möglich ist, pro Tag ein Prob-lem seiner Umwelt zu dokumentieren, wird es ab dem zweiten Tag schon schwieriger, ohne Kärtchen zu erscheinen. Spätestens ab dem dritten Tag sollte dann jeder Teilnehmer mindestens ein Problem pro Tag gefunden haben – sonst wird es peinlich.

Problemsammlung per Kärtchen

Versuchen Sie es einmal für sich selber. Geben Sie sich die Aufga-be, ein »Problemkärtchen« pro Tag zu schreiben. Es verlangt viel Disziplin, diese Übung ohne den sanften Druck der Gruppe für eine oder gar zwei Wochen durchzuhalten. Deutlich leichter fällt es, wenn Sie wissen, dass Sie am nächsten Tag an die Tafel müs-sen. Je länger die Problemsuche dauert, desto sensibler werden die Teilnehmer auf Probleme ihrer Umwelt reagieren. Die höhere Sensibilisierung zeigt sich deutlich an der Anzahl der Kärtchen, die im Verlauf des Problemworkshops zur täglichen Problem-

Problemsuche fördert Sensibili-sierung

sammlung mitgebracht werden. Zusammen mit der Anzahl der gefundenen Probleme steigt erfahrungsgemäß auch das Potenzial beziehungsweise die Qualität der gefundenen Probleme.

Das Problem ableiten

Ideen sammeln ist heute einfacher denn je

Unter dem Ableiten von Problemen verstehe ich das »Anzapfen« von bekannten Informationsquellen, um die dort bereits formulierten Probleme für mich zu nutzen. Es war noch nie so einfach, neue Ideen (und Lösungen) zu sammeln, wie heute. Informationen und Wissen sind überall auf der Welt elektronisch verfügbar. Diese Informationen sind die Grundlage für Innovationen. Ich möchte mit Ihnen einen kurzen Ausflug in die Welt der Informationen unternehmen. Sie werden sehen, wie wichtig es ist, die vorhandenen Informationsquellen zu nutzen. Mit diesem Wissen können Sie Probleme (und Lösungen) finden, die es bereits gibt. Die Ableitung von Problemen ist die einfachste und kostengünstigste Art und Weise, bekannte und bereits formulierte Probleme für sich zu nutzen.

Informationen als Rohstoff

Erfolgsvoraussetzung: schneller Zugriff auf Informationen

Wer meint, der Erfinder von heute säße die meiste Zeit in seiner Werkstatt zwischen vielen Schachteln mit Schrauben und Werkzeug, der irrt. Natürlich hat sowohl bei der professionellen Ideenentwicklung als auch in der Tüftlerwerkstatt der Computer schon lange Einzug gehalten. Einen Großteil seiner Zeit verbringt der erfolgreiche Entwickler vor dem Computer, egal ob bei der Recherche für die Problemsuche und die Lösungsumsetzung oder bei der aufwendigen Erstellung der Berichte für das Exposé oder bei der Vermarktung einer Idee. Hier heißen die wichtigsten Werkzeuge nicht Hammer und Schraubenzieher, sondern beispielsweise Internet-Browser und Office-Anwendersoftware. Der schnelle und gezielte Zugang zu Informationen wird immer mehr zur Herausforderung bei der Entwicklung nutzenorientierter Ideen.

Der Computer bietet überall auf der Welt Zugang zu nahezu allen Informationen. Die Industrienationen unserer Erde stellen derzeit rund 15 Prozent der Weltbevölkerung und zugleich 88 Prozent aller Internet-User. Einige Schwellenländer, allen voran Indien, haben es sich zum Ziel gemacht, nicht nur bestehende Lösungen zu kopieren, sondern eigene innovative Entwicklungen voranzubringen. »Don't imitate, innovate« lautet einer der Slogans für diese Vision. Der weltweite Zugang zu Informationen wird kulturelle und ökonomische Verschiebungen mit sich bringen. Weltweit verdoppelt sich die Zahl der Breitband-Anschlüsse etwa alle zwei Jahre.

Innovationen beruhen auf Informationen. Je besser die Verfügbarkeit von Informationen, desto größer ist die Wahrscheinlichkeit, dass neue Ideen entwickelt werden. Leider führen nicht alle Ideen zum gewünschten Erfolg. Nur ein Bruchteil aller Ideen kann letztlich in ein innovatives Produkt umgesetzt werden.

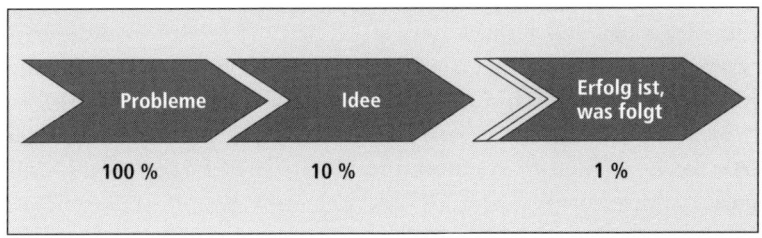

Erfolg ist, was folgt

Informationen waren bislang stets ein strategischer Erfolgsfaktor der Industrienationen. Der breiter werdende Zugang zu Informationen wird dazu führen, dass sich mehr Menschen an der Entwicklung neuer Technologien und innovativer Ideen beteiligen können. Die Technologien verändern sich künftig schneller, als die meisten Menschen es lernen, mit diesen umzugehen. Wir alle werden gefordert sein, mehr und schneller zu lernen als je zuvor. Die Zeit für Informationssuche wird immer kostbarer. In Zukunft wird entscheidend sein, wer die zur Verfügung stehenden Informationen am effektivsten finden und nutzen kann.

Die Patentdatenbanken

Patentschriften bieten Probleme und Lösungen

Die größte Sammlung an bereits formulierten Problemen und zugehörigen Lösungen finden wir bei den Patentämtern. Es gibt Quellen, die behaupten, dass 90 Prozent des menschlichen Knowhows in den Patentschriften dokumentiert sind. 70 Prozent unseres Wissens seien überhaupt nur dort zu finden. Unabhängig davon, ob diese Zahlen stimmen oder nicht, bieten uns die Patentschriften eine einfache und kostengünstige Möglichkeit, sowohl formulierte Probleme als auch Problemlösungen zu suchen beziehungsweise zu finden. Damit Sie mich nicht falsch verstehen: Ich möchte Sie nicht zur Produktpiraterie anstiften, sondern zur Problempiraterie.

Betreiben sie »Problempiraterie«

Erinnern Sie sich noch, dass ich Sie im ersten Kapitel nach Problemen mit hohem Potenzial gefragt habe? Ein Beispiel dafür waren die Hausstaubmilben in Matratzen, denn wir alle möchten in sauberen Betten schlafen. Ein anderes Beispiel ist die Rumpfreinigung bei Wasserfahrzeugen. Genau wie stolze Autofahrer wünschen sich auch Sportbootbesitzer eine Waschanlage für ihr »bestes Stück«. Sowohl die Milben als auch der Dreck an einem Boot stellen Probleme des täglichen Lebens mit hohem Potenzial dar. Beide Probleme sind bereits in Patentschriften formuliert und werden jedermann kostenlos zur Verfügung gestellt. Wie einfach Sie diese Problemformulierungen in den Patentschriften finden können, möchte ich Ihnen am Beispiel der Bootsreinigungsanlage zeigen. Die peinlich genaue Bezeichnung der Bootsreinigungsanlage ist »Reinigungsvorrichtung zum Reinigen von Objekten, insbesondere Wasserfahrzeugen«.

Gebrauchsmuster

(Quelle: Deutsches Patent- und Markenamt)

Beschreibung

[0001] Die Erfindung betrifft eine Vorrichtung zum automatisierten Reinigen von Objekten, insbesondere Wasserfahrzeugen.

[0002] An Objekten, die sich über einen längeren Zeitraum unter der Wasseroberfläche befinden, setzt sich organischer Bewuchs fest. Dieser reduziert bei Wasserfahrzeugen die Gleitfähigkeit. Die Wasserfahrzeuge werden langsamer, der Kraftstoffverbrauch steigt. Der organische Bewuchs gibt dem Wasserfahrzeug ein ungepflegtes Aussehen.

[0003] Aus dem Stand der Technik ist Folgendes bekannt.

[0004] Um den Bewuchs des Unterwasserschiffs zu vermeiden, werden Antifouling-Schutzanstriche verwendet. Die Schutzwirkung ist zeitlich begrenzt. Die Anstriche müssen regelmäßig erneuert werden. Die toxischen Inhaltsstoffe der Schutzanstriche wie Organozinn und Kupferverbindungen sind aus ökologischer Sicht bedenklich. Daher dürfen einige diese Produkte nicht mehr eingesetzt werden.

[0005] Um den bereits entstandenen Bewuchs zu beseitigen, werden die zu reinigenden Objekte aus dem Wasser gehoben und mittels Dampfstrahler, Bürste o. Ä. gereinigt.

[0006] Im Wasser wird die Reinigung der Boote unterhalb der Wasserlinie manuell mit Tauchern durchgeführt.

[0007] Mit Hilfe von speziellen Schrubbern, die über einen beweglichen Stiel verfügen, versucht man den Bewuchs manuell von Land aus zu entfernen.

[0008] Weiterhin sind maschinelle Reinigungssysteme durch rotierende Bürsten bekannt. Hiermit können jedoch nicht alle Rumpfformen gereinigt werden.

[0009] Nachteilig bei den bekannten Systemen ist, dass eine automatisierte, vollständige, zeit- und kostengünstige Reinigung von Objekten, insbesondere Wasserfahrzeugen mit unterschiedlichen Rumpfformen, nicht möglich ist.

[0010] Aufgabe der vorliegenden Erfindung ist es, eine Vorrichtung zur Verfügung zu stellen, welche eine maschinelle Reinigung von Objekten, insbesondere Wasserfahrzeugen erlaubt, wobei die im Stand der Technik bekannten Nachteile nicht auftreten.

[0011] Die Lösung dieser Aufgabe wird erfindungsgemäß gekennzeichnet durch (...)

(Quelle: Deutsches Patent- und Markenamt)

Die Problemableitung

Patentschriften / Offenlegungen sind immer gleich aufgebaut. Hier ein Beispiel.

Frei zugängliche Problemformulierungen

Nach der allgemeinen Beschreibung der Erfindung – [0001] + [0002] – wird der Stand der Technik – [0003] bis [0008] – dargestellt. Hier wird erklärt, welche technischen Möglichkeiten bis zum Zeitpunkt der Patentanmeldung bekannt sind. Anschließend folgen die sich daraus ergebenden Probleme und Nachteile – [0009] + [0010]. Genau diese Beschreibung der Probleme ist bei der Problemableitung von Interesse.

Für die Bootsreinigungsanlage lautet die Problembeschreibung:

- »Nachteilig bei den bekannten Systemen ist, dass eine automatisierte, vollständige, zeit- und kostengünstige Reinigung von Objekten, insbesondere Wasserfahrzeugen mit unterschiedlichen Rumpfformen, nicht möglich ist.«

- »Aufgabe der vorliegenden Erfindung ist es, eine Vorrichtung zur Verfügung zu stellen, welche eine maschinelle Reinigung von Objekten, insbesondere Wasserfahrzeugen erlaubt, wobei die im Stand der Technik bekannten Nachteile nicht auftreten.«

Lassen Sie sich durch die »verkorksten« Formulierungen nicht abschrecken. Patentanwälte versuchen damit, einen möglichst großen Rahmen zu fassen.

Der Schutz eines Patentes bezieht sich nicht auf die Formulierung des Problems, sondern lediglich auf die technische Lösung – ab [0011]. Die Formulierung ist jedoch, wie wir bereits wissen, häufig wesentlicher als die Lösung. Und die so wichtige Problemformulierung in Patentschriften ist für jedermann kostenlos abrufbar.

Ein weiterer Vorteil der Problemableitung ist, dass uns damit die Möglichkeit gegeben wird, schon zu einem sehr frühen Zeitpunkt neue Entwicklungstrends zu erkennen. Besonders bei Problemen mit einem großen Marktpotenzial empfiehlt es sich dann natürlich, alternative Lösungen zu erarbeiten. Da das neue Produkt am Anfang seines Lebenszyklus steht, sind die Verbesserungsmöglichkeiten entsprechend groß.

Neue Entwicklungstrends früh erkennen

Es bereitet allerdings einige Mühe, aus der großen Anzahl der täglich auflaufenden Patentanmeldungen beziehungsweise Offenlegungen die potenziell interessanten Problemformulierungen zu finden. Über entsprechende Suchmasken und Filtermöglichkeiten sind Sie allerdings schnell in der Lage, die wirklich wissenswerten Informationen aufzuspüren.

❗ Merke: Die Problemableitung ist die günstigste Art der Ideenfindung.

Wie einfach die Problemableitung über die Patentdatenbank DEPATISnet möglich ist, sehen Sie im folgenden Kapitel.

3. SUCHEN SIE BREIT NACH PROBLEMEN! **71**

Informations- und Wissensquellen

Die Patentrecherche

Über das Deutsche Patent- und Markenamt – www.dpma.de – erhält man direkten Zugriff auf die kostenlose Patentdatenbank DEPATISnet. Es gibt noch eine ganze Reihe anderer kommerzieller und ausländischer Datenbanken. Da die Funktionen vergleichbar sind, möchte ich mich hier auf DEPATISnet beschränken.

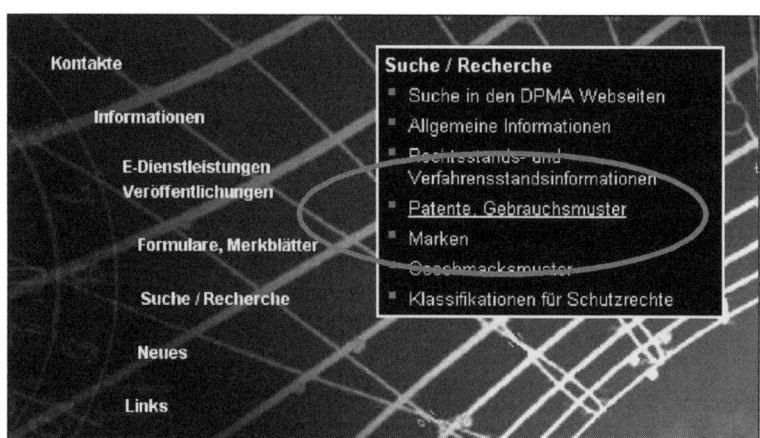

DEPATISnet   (Quelle: Deutsches Patent- und Markenamt)

Über das Unterverzeichnis Patente, Gebrauchsmuster kommt man zur kostenlosen Patentdatenbank DEPATISnet.

Recherche   (Quelle: Deutsches Patent- und Markenamt)

Die Datenbank DEPATISnet enthält rund 28 Millionen nationale und internationale Patentdokumente. Unter Recherche finden Sie unterschiedliche Suchmodi. Die beiden wichtigsten Suchmöglichkeiten sind der Einsteiger- und der Expertenmodus.

Einsteigermodus

Den Einsteigermodus verwenden Sie, wenn Sie noch keine oder sehr wenig Erfahrung mit der Patentrecherche haben. Die Suchmaske ist leicht und intuitiv zu bedienen. Alle Suchfelder sind mit UND verknüpft und wirken damit als zusätzliche Suchbedingung.

Suchanfrage:		
Veröffentlichungsnummer:	▼ ▼	DE4446098C2
Titel:		Mikroprozessor
Anmelder:		Schmidt GmbH
Erfinder:		Lisa Müller
Veröffentlichungsdatum:		12.10.1999
Bibliographische IPC:		F17D5/00
Anmeldedatum:		15.05.1998
Prüfstoff-IPC:		A01B1/02
Suche im Volltext:	boot reinig	Fahrrad

Einsteigersuche   (Quelle: Deutsches Patent- und Markenamt)

Expertenmodus

Den Expertenmodus sollten Sie verwenden, wenn Sie bereits Erfahrung mit der Patentrecherche haben. Hier können Sie auch komplexere Suchanfragen formulieren.

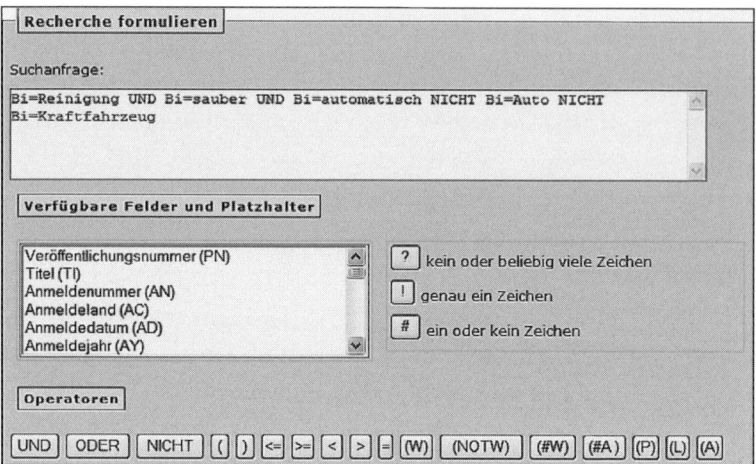

Expertensuche (Quelle: Deutsches Patent- und Markenamt)

Vorteil der Expertensuche ist es, dass Verknüpfungen der Suchfelder durch logische und numerische Operationen durchgeführt
werden können.

Problemableitung am Beispiel der Bootsreinigungsanlage

Marktrecherche in der Patentdatenbank Wie funktioniert das Ganze in der Praxis? Bleiben wir dazu bei
dem Beispiel der Bootsreinigungsanlage. Für Ihre Branche ergibt
sich die gleiche Vorgehensweise, lediglich die Suchbegriffe werden sich ändern. Stellen Sie sich bitte kurz vor, Sie haben mit Au-
towaschanlagen zu tun und sind auf der Suche nach neuen Ideen
für die Märkte von morgen ohne Konkurrenz. Der Markt der Au-
towaschanlagen ist hart umkämpft, und Sie überlegen, welche
Märkte sonst noch zu Ihren Kernkompetenzen passen könnten.
Die Methode der Problemableitung ist Ihnen bekannt und so machen Sie sich in der Patentdatenbank des deutschen Patentamts
auf die Suche. Zunächst beginnen Sie mit allgemeinen Suchbegriffen in der Volltextsuche. Sie geben folgende Begriffe ein: Reinigung, sauber, Pflege. Es erscheinen unzählige Suchergebnisse.

Sie wissen, dass man im Expertenmodus auch komplexere Suchen durchführen kann. Mit den Suchbegriffen »Reinigung«, »sauber« und »Fahrzeug« führen Sie dort auch wieder eine Volltextsuche durch. Da Sie nach neuen Märkten suchen, schließen Sie die Begriffe »Auto« und »Kraftfahrzeug« aus der Suche aus. Die Eingabe lautet: Bi=Reinigung UND Bi=sauber UND Bi=automatisch NICHT Bi=Auto NICHT Bi=Kraftfahrzeug. Die Abkürzung Bi steht für die Volltextsuche. UND beziehungsweise NICHT sind ausgewählte logische Verknüpfungen.

Komplexe Suche im Expertenmodus

Auf Knopfdruck finden Sie massenhaft neue Betätigungsfelder. Egal ob Reinigung von Radaranlagen, Toilettensystemen, Bettmatratzen, Müllbehältern, Kanalanlagen oder Wasserfahrzeugen. Doch das Beste daran ist, dass die entsprechenden Problemformulierungen gleich mitgeliefert werden. Da Sie selber in Ihrer Freizeit begeisterter Sportbootfahrer sind, werden Sie auf das Suchergebnis »Reinigungsvorrichtung zum Reinigungen von Objekten, insbesondere Wasserfahrzeugen« aufmerksam.

Neue Betätigungsfelder auf Knopfdruck

Sie erkennen schnell, dass dieser Markt zu Ihren Kernkompetenzen passen würde. Aus den Patentschriften ist auch zu erkennen, dass rotierende Bürsten hier bislang kein zufriedenstellendes Ergebnis gebracht haben. Dies führt zu der neuen Überlegung und Problemformulierung: Wie reinigt man verschiedene Bootsrümpfe unter Wasser, ohne rotierende Bürsten zu verwenden? Sie haben sofort eine Idee. Da könnte man doch … Halt! Bevor wir damit beginnen, ein Problem zu lösen, sollten wir erst untersuchen, ob nicht eines der anderen Betätigungsfelder, zum Beispiel die Reinigung von Kanalsystemen, Bettmatratzen oder Radaranlagen, viel mehr Potenzial bietet. Denken Sie daran, wir suchen nicht irgendeine Idee, sondern die Idee mit dem höchsten zu erwartenden Profit.

Patentschriften als Ideenlieferanten

Meiner Meinung nach ist die Patentdatenbank die beste Wissens- und Informationsdatenbank. Es gibt aber noch viele weitere Informationsquellen, die ebenso wie die Patentdatenbanken zwar bekannt sind, aber immer noch viel zu wenig für die Suche und Entwicklung neuer Ideen genutzt werden.

Wissen anderer Menschen

Nutzen Sie das Wissen anderer Menschen zur Entwicklung neuer Ideen. Am einfachsten geht das natürlich über das Internet. Das World Wide Web ist mittlerweile zu einem unüberschaubaren Gewirr aus Informationen geworden. Um dieses schier undurchdringlichen Wissensdschungels Herr zu werden, muss man sich der richtigen Tools bedienen.

Elektronische Zeitung

Informationsquellen individuell zusammenstellen Wie viele Zeitungen lesen Sie jeden Tag? Wie finden Sie die wirklich wichtigen Informationen in der Zeitung? Wie erfahren Sie, dass in irgendeiner Zeitung ein spannender Artikel zu ihrem Thema erschienen ist? Die meisten von uns sind vermutlich schon froh, wenn sie die Zeit finden, die wichtigsten Artikel einer einzigen Zeitung zu überfliegen. Die Suchmaschine Google bietet über das Portal Google News eine sehr komfortable Möglichkeit, gezielt nach Informationen, Branchenwissen und natürlich nach Problemen zu suchen. Die computergenerierte Web-Zeitung greift dabei auf mehr als 700 deutschsprachige Nachrichtenquellen zu. Sie haben die Möglichkeit, sich die Nachrichten zusammenstellen zu lassen, die für Sie im Allgemeinen von besonderem Interesse sind. Wie bei einer Suchmaschine nicht anders zu erwarten, können Sie die Welt der Nachrichten natürlich auch nach speziellen Suchbegriffen durchstöbern lassen. Außerdem ist es möglich, per E-Mail über neue Medienberichte zu Ihrem Thema informiert zu werden.

Suchergebnisse immer weiter filtern Versuchen Sie es einmal. Geben Sie als Suchbegriff den Namen Ihres Unternehmens, Ihres Wunschkunden oder ein typisches Stichwort Ihrer Branche ein. In meinem Fall könnte das der Begriff »Innovation« sein. Es erscheinen 1700 Ergebnisse für Innovation. Über die »erweiterte Suche« lassen sich die Suchergebnisse dann weiter eingrenzen. Oder versuchen Sie es einmal mit dem Begriff »Problem«. Bei mir hat die Suchmaschine mehr als 22 000 Berichte gefunden. Wenn Sie dem Wort »Problem« noch einen branchenspezifischen Begriff hinzufügen, so können sich daraus schnell spannende Resultate ergeben.

Wissen zum Hören

Kennen Sie das auch? Manchmal kann und möchte man einfach nur zuhören. Warum sonst werden Hörbücher immer beliebter? Egal ob »Wartezeit« im Flugzeug, im Zug, beim Arzt, im Auto oder vor dem nächsten Termin, es gibt jede Menge Situationen, in denen wir uns irgendwie langweilen oder nicht wirklich sinnvolle Arbeiten ausführen können. Nutzen Sie diese Zeit, um an neue Informationen zu gelangen. Mit Audioartikeln oder Podcasts können Sie diese Situationen zu wertvollen Wissensinseln in Ihrem Alltag werden lassen.

Podcasts und Audioartikel füllen Wartezeiten sinnvoll...

Die Tageszeitung *DIE ZEIT* bietet unter **http://hermes.zeit.de/hoeren/** Zeitung zum Hören. Hier finden Sie Artikel aus der *ZEIT, ZEIT WISSEN, ZEIT GECHICHTE* und unterschiedlichen Audiomagazinen. Im Audioarchiv stehen die Artikel älterer *ZEIT*-Ausgaben. Die Dateien können problemlos auf jeden MP3-Player geladen werden.

Unter **http://www.audibleblog.de/** finden Sie eine Auswahl von Audiodateien nach Themenblöcken sortiert. Egal ob Politik, Reisen, Wirtschaft, Marketing oder Vertrieb, hier ist für jeden etwas dabei. Derzeit läuft die Plattform als »offenes Experiment« und bietet Artikel aus Audiozeitungen und Audiozeitschriften wie *Handelsblatt, DIE ZEIT* oder *Technology Review* an.

Vorteil der Podcasts ist es, dass man nicht auf die Programmgestaltung eines Senders und auf feste Sendezeiten angewiesen ist. Die Beiträge können zeit- und ortsunabhängig angehört beziehungsweise bei Videoartikeln auch angeschaut werden.

... und lassen sich zeit- und ortsunabhängig in den Alltag integrieren

Video Podcast

Eine hervorragende Übersicht über das aktuelle Angebot sowohl von Audio- wie auch von Videoartikeln bietet das Portal **www. podcast.de**. Unter »Charts« finden Sie die aktuell beliebtesten Podcasts. Die Beiträge sind nach Kategorien unterteilt und Sie haben die Möglichkeit, nach Stichwörtern zu suchen. Sehr beliebt sind offensichtlich Wissensmagazine wie *Quarks & Co* vom WDR, *Galileo* von ProSieben, aber auch Beiträge der Fraunhofer-Gesellschaft oder der *Tagesschau*. Selbst *Die Sendung mit der Maus* bietet bereits viele der beliebten Sachgeschichten als Podcast an. Ich selber konnte damit das Problem der »nörgelnden« Kinder bei Autofahrten lösen.

Rasante Entwicklung Die ersten Podcasts kamen Ende 2004 auf. Seit Mitte 2006 wendet sich sogar die deutsche Bundeskanzlerin Angela Merkel per Videopodcast an ihre Mitmenschen. Die Experten erwarten einen rasanten Anstieg auf der Seite der Anbieter und der der Nutzer. Es wird geschätzt, dass es im Jahr 2005 rund 5 Millionen Nutzer gab. Bis 2010 soll sich die Zahl verzehnfachen und auf rund 50 Millionen Nutzer ansteigen.

Internetforen

Wer etwas bewegen will, muss handeln Das Internet bietet noch einen weiteren interessanten Weg, um an spezielle Informationen zu gelangen. Über das Diskussionsforum Google Groups haben Sie beispielsweise die Möglichkeit, auf das Wissen anderer Menschen zuzugreifen. Sie können neue Ideen diskutieren und austauschen oder andere Menschen nach ihren Problemen, Wünschen und Träumen befragen. Am einfachsten gelingt dies, wenn Sie zu Ihrem speziellen Thema eine eigene Gruppe bilden. Auch hier gilt der Satz: Wer etwas bewegen will, muss handeln. In Ihrem eigenen Diskussionsforum können Sie am besten die Themen bestimmen. Natürlich können Sie nicht nur nach Problemen suchen. Solche Foren eignen sich beispielsweise auch, um Lösungen zu finden oder Kooperationen anzuregen.

Es gibt jede Menge unterschiedlicher Diskussionsforen und bestimmt auch eines zu Ihrem Thema. Zum Teil finden Sie diese Foren auch unter den folgenden Begriffen:

- Internetforum
- Webboard
- Marktplatz

Die elektronische Zeitschriftenbibliothek

Frei zugängliche Fachzeitschriften-Artikel

Dieser Dienst wird von der Universitätsbibliothek Regensburg unter folgender Webseite bereitgestellt: **http://rzblx1.uni-regensburg.de/ezeit/fl.phtml**. Die Datenbank umfasst rund 42000 Titel aus allen Fachgebieten. Mehr als 20000 Fachzeitschriften sind im Volltext frei zugänglich. Die einzelnen Fachgebiete sind zur besseren Übersicht in einem Katalog unterteilt. Die elektronische Zeitschriftenbibliothek bietet eine Suchfunktion, mit der beispielsweise die frei zugänglichen Titel gefiltert werden können. Es kann nach Schlagworten gesucht werden und die einzelnen Schlagworte können durch logische Verknüpfungen ergänzt werden.

Allgemeine Wissens- und Informationsdatenbanken

Wikipedia ist die wohl bekannteste freie Enzyklopädie im Internet. Sie wird in mehreren Sprachen angeboten. Jedermann kann eigene Artikel einstellen und sowohl eigene als auch fremde Artikel verändern. Dabei gilt die Grundregel »Bestand hat, was von der Gemeinschaft akzeptiert wird«. Wikipedia wurde 2001 gegründet. Im Dezember 2006 wurde die Marke von 500000 deutschsprachigen Artikeln erreicht. Es wird prognostiziert, dass bis zum Sommer 2009 bereits eine Million deutschsprachige Artikel zur Verfügung stehen werden.

Wikipedia: Getestet gute Qualität

Da jedermann die Artikel verändern kann, stellt sich natürlich sofort die Frage der Qualität einer solchen freien Enzyklopädie. Bei unterschiedlichen Vergleichstests und Studien stellte sich aber immer wieder heraus, dass Wikipedia den Vergleich mit kostenpflichtigen Nachschlagewerken nicht scheuen muss. Ganz im Gegenteil, teilweise konnte das kostenfreie Portal besser abschneiden als seine kommerzielle Konkurrenz.

Themenbezogene Wissens- und Informationsdatenbanken

Gesundheit Gesundheit ist mit Sicherheit ein Thema, das alle angeht. Das bekannteste deutsche Portal zum Thema Gesundheit finden Sie unter: **http://netdoktor.de**. Die Informationsdatenbank Medizin erklärt beispielsweise schwierige Fachbegriffe, gibt Informationen zu Laborwerten und berichtet über aktuelle Themen. In den Diskussionsforen werden die unterschiedlichsten Gesundheitsprobleme diskutiert. Das vergleichbare amerikanische Gesundheitsportal **http://medlineplus.gov/** geht sogar noch weiter. Hier haben Sie die Möglichkeit, Videomitschnitte von einzelnen Operationen anzuschauen.

Technik Viele Universitäten bieten inzwischen die Möglichkeit, die Vorlesungen zeit- und ortsunabhängig als Videomitschnitt hören und sehen zu können. Beim MIT, dem Massachusetts Institute of Technology, werden Ihnen zum Beispiel Vorlesungen aus den unterschiedlichsten Fachbereichen zur Verfügung gestellt, sei es in Mathematik, Nuklearphysik, Gentechnik oder Halbleitertechnik. Hier erhalten Sie die neuesten wissenschaftlichen Erkenntnisse zum Nulltarif. Ziel der Universitäten ist es, möglichst vielen Menschen den Zugang zu diesem Wissen zu ermöglichen.

Die Auswahl der richtigen Probleme

Hauptauswahl-kriterium: Profit Nehmen wir an, Ihr Problemworkshop dauerte 10 Tage und Sie hatten 10 Teilnehmer. Nach meinen Erfahrungen haben Sie dabei ungefähr 200 bis 300 – in manchen Fällen bis zu 1000 – Probleme gesammelt. Sie erinnern sich an unser Bild mit dem Sektkelch? Bei der breit angelegten Problemsuche kam Quantität vor Qualität. Der schmale Stiel des Sektkelchs symbolisiert die nun folgende Problemauswahl. Jetzt geht es darum, aus der großen Masse der gefundenen Probleme die »richtigen« Probleme herauszufinden. Hauptauswahlkriterium ist der zu erwartende Profit, den Sie mithilfe der Auswahlformel und der Kriterien Marktpotenzial, Kundennutzen und Marketingmöglichkeiten ermitteln (siehe Kapitel 2).

Zu erwartender Profit

=

Erfolgswahrscheinlichkeit x Absatzvolumen x Gewinnspanne

Erstellen Sie zunächst Ihren Fragenkatalog zu den einzelnen Kriterien. Was beeinflusst die Gewinnspanne oder die Erfolgswahrscheinlichkeit der neuen Idee? Einige Beispiele für Ihren Fragenkatalog finden Sie auf S. 52.

Mit Fragenkatalog filtern

Nehmen Sie sich genügend Zeit für die Problemauswahl. Denn jetzt schließen Sie die strategische Lücke im Innovationsprozess. Sie haben sich bewusst entschieden, nicht die erstbeste Idee umzusetzen, sondern breit nach Problemen zu suchen, nun das beste Problem auszuwählen und dadurch zu einer hochwertigen, nutzenorientierten Idee zu gelangen. Mit der sorgfältigen Problemauswahl legen Sie den Grundstein für Ihren zukünftigen Erfolg.

In einer disziplinierten Gruppe ist es durchaus denkbar, die Bewertung nach der Auswahlformel gemeinsam mit allen Teilnehmern durchzuführen. Vorteil dieser Vorgehensweise ist die durchgängige Einbindung der Teilnehmer und die Einsicht über die unterschiedlichen Blickwinkel und Sachzwänge der beteiligten Personen. Die Auswahlformel bietet aber auch genügend Objektivität, um die Bewertung von einem kleinen Expertenteam durchführen zu lassen. Sie können sich bestimmt vorstellen, dass diese Vorgehensweise im Normalfall deutlich schneller geht.

Bewertung in der Gruppe oder im Expertenteam

Ausgehend von den rund 200 bis 300 gefundenen Problemen ermitteln wir mithilfe der Auswahlformel die 6–10 Probleme mit dem höchsten zu erwartenden Profit. Diese werden in einem zweiten Schritt nochmals genauer bewertet, bis letztlich das beste (vielversprechendste) Problem übrig bleibt. Auch an dieser Stelle möchte ich noch einmal deutlich darauf hinweisen, dass die ermittelte Bewertung keinesfalls so eindeutig messbar ist, wie es vielleicht erscheint, und dass zu guter Letzt auch der gesunde Menschenverstand gefragt ist, wenn es darum geht, sich auf ein Problem und damit auf eine neue Idee festzulegen.

Nachdem das »richtige« Problem ausgewählt wurde, folgt die nächste Stufe: die Problemlösung.

4. Lösen Sie das ausgewählte Problem!

Gratuliere, Sie haben den elementarsten Schritt geschafft. Aus vielen unterschiedlichen Problemen haben Sie das Problem mit dem höchsten Potenzial herausgefiltert und konnten damit die strategische Lücke im Innovationsprozess schließen. Wie ein wertvoller Rohdiamant muss die Idee nun aber noch mit den richtigen Werkzeugen bearbeitet werden.

! Merke: Echte Diamanten und gute Ideen kann man nicht machen, man muss sie finden.

Aus Kapitel 2 – Die Sektkelch-Strategie – wissen Sie bereits, dass es auch bei der Lösung des Problems darum geht, nicht die *erstbeste*, sondern die *beste* Lösung zu finden. Auch bei der Lösung des ausgewählten Problems machen wir uns zuerst auf eine breit angelegte Suche nach möglichen Lösungen. Die beste Lösung wird anschließend wieder auf Grundlage des zu erwartenden Profits ausgewählt.

Breit angelegte Lösungssuche

Da es für unterschiedliche Problemtypen entsprechende Lösungsmethoden gibt, möchte ich Ihnen in diesem Teil einige anwendbare Methoden zur Lösung von Problemen vorstellen. Viele der gängigen Lösungsmethoden arbeiten mit Kreativitätstechniken, die zu neuen Lösungsansätzen führen. Die Kreativitätsmethoden sind normalerweise auf Gruppenarbeit ausgelegt. Innerhalb kürzester Zeit sollen möglichst viele unterschiedliche Ansätze erarbeitet werden. Dabei werden hohe »Streuverluste« bewusst in Kauf genommen. Bei dieser Art der Problemlösung können wieder alle Teilnehmer aus dem Problemworkshop eingebunden werden.

Unterschiedliche Lösungsmethoden

Andere Methoden versuchen, durch entsprechende Systematik und Analogien Denkblockaden zu überwinden, um sich der Lösung zu nähern. Diese Techniken werden normalerweise von kleinen Expertenteams oder Einzelpersonen eingesetzt.

Expertenwissen nutzen

Auch bei der Lösung von Problemen war es noch nie so einfach wie heute, bereits bekanntes Wissen für die Lösung der eigenen Probleme zu nutzen. Ich werde Ihnen zeigen, wie Sie sich gezielt das Wissen von Experten zunutze machen können, und Sie werden erfahren, wie Sie die richtigen Experten zur Lösung Ihrer Probleme finden.

Mehrere Methoden parallel anwenden

Sie sehen, für die Phase der Problemlösung stehen uns viele unterschiedliche Methoden zur Verfügung. Je nachdem, um was für ein Problem es sich handelt, ist es natürlich möglich, mehrere Methoden parallel anzuwenden, um möglichst viele hochwertige Lösungen zu finden.

Auf den folgenden Seiten wird es ein wenig technisch. Da es nicht um die Erklärung technischer Lösungen, sondern um die Darstellung der Lösungsmethoden geht, wurden die Beschreibungen der Technik – bestimmt auch im Sinne der »Nicht-Techniker« – möglichst kurz gehalten.

Die Lösung ableiten

Lösungsansätze aus anderen Bereichen übertragen

Die Patentrecherche und die Problemableitung haben Sie ja bereits in Kapitel 3 kennengelernt, und Sie wissen auch schon, dass meiner Meinung nach die Patentdatenbanken eine der besten Wissens- und Informationsplattformen sind.

Auch bei der Lösungsableitung nutzen wir wieder bekanntes technisches Know-how aus den Patentdatenbanken und wenden dieses Wissen auf unseren Problemfall an. Doch Achtung: Im Gegensatz zu der Problembeschreibung in einem Patent sind die technischen Lösungen für den jeweiligen Anwendungsfall natürlich geschützt. Allerdings ist es oft möglich, Lösungsansätze aus anderen Bereichen auf unseren Problemfall zu übertragen. Schon oft ist es mir gelungen, durch die Patentrecherche die bekannten Lösungswege zu verlassen, Denkblockaden zu überwinden und komplett neue Lösungsansätze aufzuspüren. Versuchen Sie es einfach einmal. Das Schöne an dieser Methode ist, dass jeder es für sich probieren kann und keinerlei Investitionen nötig sind.

An unserem bekannten Beispiel der Bootsreinigungsanlage soll die Methode verdeutlicht werden. Erster Lösungsansatz für das Problem der Rumpfreinigung war eine rotierende Rolle wie in der Autowaschanlage, die sich an den Rumpf anlegen sollte und durch die Drehbewegung sowohl den Reinigungsvorgang als auch den Vorschub erzeugen sollte. Ein Problem stellen hierbei die am Unterwasserschiff befindlichen Teile wie Kiel, Schraube und Ruderanlage dar. Die Rolle müsste an diesen Stellen jeweils umgesetzt werden.

Zweiter Lösungsansatz waren jeweils seitlich vom Rumpf ange-ordnete Reinigungsarme, die sich in drei Achsen frei bewegen können und das Unterwasserschiff komplett abfahren. Vergleich-bare Systeme werden beispielsweise als Lackier- oder Schweiß-roboter eingesetzt. Diese Lösung ist technisch machbar, jedoch sehr aufwendig und teuer.

Die Lösungsableitung brachte einen grundsätzlich neuen Ansatz. Wie bei der Problemableitung wurde auch hier über die Experten-suche nach bestimmten Suchbegriffen selektiert.

Lösungsableitung durch Experten-suche

Mit den Suchbegriffen BOOT und SAUBER wurde unter ande-rem das Patent für eine Bootsgarage gefunden. Hierbei wird das Schiff in einer Schwimmkonstruktion, ähnlich einem Schwimm-dock, fixiert. An der Unterseite der Konstruktion befindet sich eine reißfeste Kunststofffolie. Der Eingang wird geschlossen. Die Folie umgibt den Rumpf des Bootes vollständig. Das in der da-durch entstandenen Wanne befindliche Wasser wird abgesaugt. Abstandshalter verhindern, dass sich die Folie an den Rumpf an-legt. Der Rumpf liegt somit trocken.

Nun wandeln wir die gefundene Lösung für unser Problem ein wenig ab. Verzichtet man auf die Abstandshalter, legt sich die Folie durch den Wasserdruck vollflächig an jede beliebige Rumpfform an. Diese Lösung, abgeleitet auf unser Problem, führt zu einem vollständig anderen Ansatz. Auf die rotierenden Reinigungsbürsten wird komplett verzichtet. Stattdessen soll die Reinigung über eine Folie erfolgen. Zum Entfernen der Algen wird ein Reinigungsvlies wie ein großer Putzlappen auf die Folie aufgebracht. Die Folie wird nun durch eine entsprechende Technik in eine pulsierende Bewegung versetzt und reinigt somit die Oberfläche. Die pulsierende Bewegung kann beispielsweise dadurch erreicht werden, dass man schlangenlinienartige Kanäle in die Folie einarbeitet und diese Kanäle dann mit Luft oder Wasser durchströmt.

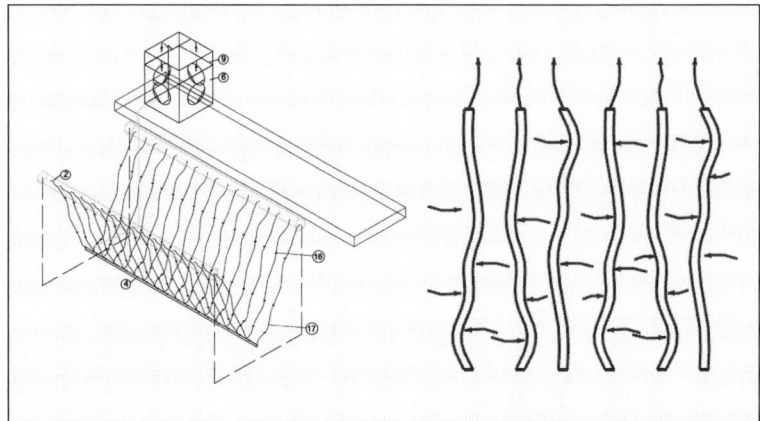

Foliensystem

In einem ganz anderen technischen Anwendungsfall – für die Wasseraufbereitung – werden Hohlmembranen eingesetzt. Diese Membranen sind in einem Gestell aufgehängt und sehen aus wie innen hohle Spaghetti. Das Gestell befindet sich vollständig unter Wasser. Auf der Innenseite der Hohlmembran wird ein Unterdruck angelegt und somit das saubere Wasser nach innen gesaugt. Allerdings verschmutzen die Membranen (Spaghetti) durch die zurückgehaltenen Schmutzpartikel im Wasser schnell auf der Außenseite. Um die Membranen zu reinigen, wurde eine Technik entwickelt, bei der über die gesamte Grundfläche des Gestells einfach kleine Luftblasen zugeführt werden. Die Blasen steigen zwischen den spaghettiartigen Membranen auf und versetzen die Membranen in eine Bewegung. Die Membranen werden durch die Bewegung aneinandergerieben und »schrubben« sich so automatisch gegenseitig ab.

Auch diese Lösung wurde auf das Problem der Rumpfreinigung abgeleitet. Die Luftblasen wurden durch einen Schlauch eingefangen. Dieser Schlauch wurde auf der Außenseite wieder mit einem Reinigungsvlies versehen. Wenn man einen solchen Schlauch unter Wasser mit Luft durchströmt, so richtet sich der Schlauch auf und wird in Bewegung versetzt. Sie kennen dieses Prinzip von Ihrem Gartenschlauch. Lassen Sie den Gartenschlauch beim Rasenbewässern einfach einmal los. Die entstehende Bewegung kann in unserem Fall zur Rumpfreinigung genutzt werden.

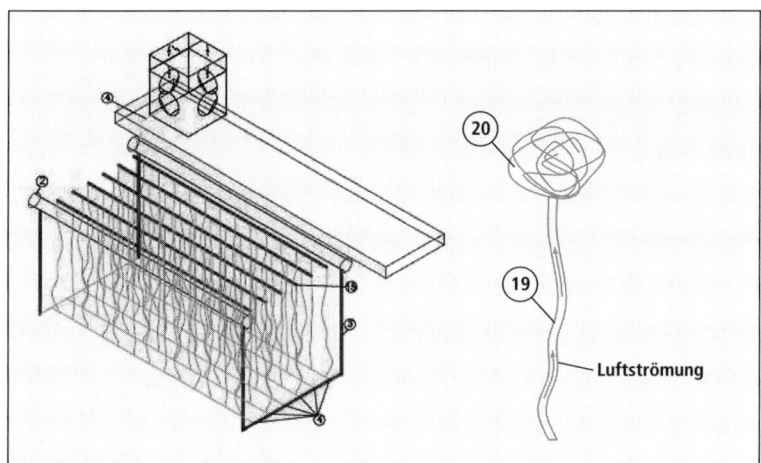

Schlauchsystem

Die richtigen Experten finden

**Patentdaten-
banken bieten
Expertenrat**

Man muss nicht alles wissen, man muss nur wissen, wo es steht. Doch was tut man, wenn man eben nicht weiß, wo es steht? Ganz einfach, man sucht sich jemanden, der es weiß. Ich habe Ihnen bereits beim Drei-Stufen-Modell zur Innovation das Beispiel der Geräuschreduzierung bei Ventilatoren und dem U-Bootantrieb erzählt. Auch wenn wir für spezielle Probleme nach einem Expertenrat suchen, helfen uns die Patentdatenbanken weiter.

**Kontaktieren Sie
den Erfinder**

In der Offenlegungsschrift wird der Erfinder mit Anschrift genannt und schon haben Sie Ihren Experten. Weitere Spezialisten findet man über die entgegengehaltenen Patentdokumente. Dabei handelt es sich um Patente mit einer vergleichbaren Problemlösung. Natürlich sind auch hier wieder die Erfinder aufgeführt. Diese »Verlinkung« von analogen Problemlösungen hilft uns, sowohl weitere Experten wie auch komplett neue Lösungsansätze zu finden. In den Patentämtern sitzen Profis, die sich für Sie die Mühe gemacht haben, all diese Experten und vergleichbare Lösungen zusammenzutragen. Besonders angenehm finde ich, dass uns diese Dienstleistung kostenlos zur Verfügung gestellt wird. Nutzen Sie diese Möglichkeit!

**Know-how
kostengünstig
und systematisch
nutzen**

Durch das Internet ist die Lösungsableitung – genau wie die Problemableitung – die günstigste Art der Ideenfindung. Dank des schnellen, kostengünstigen und direkten Zugriffs auf die Patentdatenbanken kann diese Vorgehensweise von kleinen und mittelständischen (wie natürlich auch von großen) Unternehmen effektiv genutzt werden. Durch die Verwendung von zielgerechten Suchbegriffen können wir unsere Gedanken methodisch in Richtung der besten Lösungen lenken und nach den richtigen Experten für die Problemlösung suchen beziehungsweise das bekannte Know-how ganz systematisch für die Überwindung unserer Denkblockaden nutzen.

Versuchen Sie doch einfach einmal, für unser Beispiel der Milben in Bettmatratzen unterschiedliche Lösungsansätze zu finden. Arbeiten Sie mit Suchbegriffen wie: Bekämpfung, Reinigung, Entkeimung, Abtötung, Desinfektion, Entfernung, Filterung, Milbe, Spinnentier. Überlegen Sie sich, welche (physikalischen, chemischen, biologischen) Effekte dafür sorgen können, dass die kleinen Tiere aus der Matratze verschwinden. Ziehen Sie Begriffe wie Trocknung oder Kühlung hinzu, denn Milben mögen es normalerweise warm und feucht.

Vereinbarkeit widersprüchlicher Anforderungen

Der russische Wissenschaftler und Erfinder Genrich Saulowitsch Altschuller (1926–1998) ist der geistige Vater der beiden widerspruchsorientierten Methoden ARIZ »Algorithmus zur Lösung erfinderischer Aufgaben« und TRIZ »Theorie zur Lösung erfinderischer Aufgaben«. Vergleichbare Methoden sind auch bekannt als WOIS »Widerspruchsorientierte Innovationsstrategie« oder TIPS »Theory of Inventive Problem Solving«. Altschuller und seine Mitstreiter untersuchten mehrere Tausend Patentschriften und stellten fest, dass die Erfindungen auf immer wiederkehrenden Lösungsansätzen und Systematiken aufbauen.

Widerspruchs-orientierte Innovationsstrategie

Um die in der Vergangenheit erfolgreichen Abläufe in der Zukunft nutzen zu können, wurden die unterschiedlichen Ansätze katalogisiert. So entstand eine Art Baukasten aus allgemeingültigen Gesetzmäßigkeiten und Denkansätzen, die der Lösung von Problemen dienen. Um Lösungen auf höchstem Niveau zu erhalten, müssen nach Altschullers Auffassung »faule« Kompromisse vermieden werden. Die Idee des Widerspruchsdenkens verhindert solche unvollkommenen Kompromisslösungen. Müssen gleichzeitig zwei Forderungen erfüllt werden, die sich auf den ersten Blick widersprechen, so erhält man typischerweise einen Zielkon-

Baukasten aus Gesetzmäßigkeiten und Denkansätzen

flikt. Echte Innovationen entstehen, wenn Zielkonflikte bei voller
Erfüllung der widersprüchlichen Forderung gelöst werden.

Dabei wird folgendermaßen vorgegangen: Ausgehend von einem perfekten Endergebnis werden Zielkonflikte formuliert, die
auf dem Weg zu diesem Ergebnis überwunden werden müssen.
Beispielsweise muss eine Dienstleistung oder ein Produkt noch
besser sein, darf aber künftig nicht mehr so viel kosten. Diese
paradoxe Forderung haben Sie bestimmt auch schon kennengelernt. Typische Zielkonflikte ergeben sich aus den Komponenten
des »magischen Dreiecks«: Zeit, Kosten, Eigenschaften.

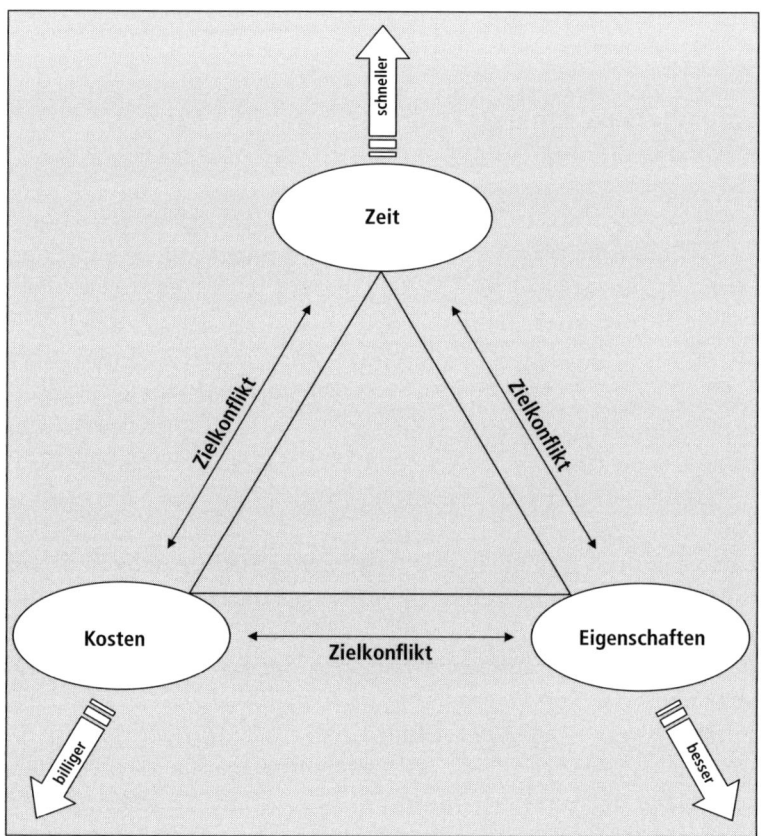

Magisches Dreieck

Versucht man, eine der Komponenten zu verändern, so hat die Änderung Auswirkungen auf die beiden anderen Komponenten. Nach der Formulierung der widersprüchlichen Forderungen wird eine logisch verbindende Größe gesucht. Zum besseren Verständnis hier ein Beispiel:

Bei der Herstellung von Pleuelstangen ergab sich der folgende widersprüchliche Zielkonflikt: Die Passgenauigkeit von Ober- und Unterteil einer Pleuelstange sollte erhöht werden. Gleichzeitig mussten die Herstellungskosten gesenkt werden. Die paradoxe Forderung lautete: Passgenauigkeit erhöhen (Eigenschaft verbes-

Verbindende Größe definieren

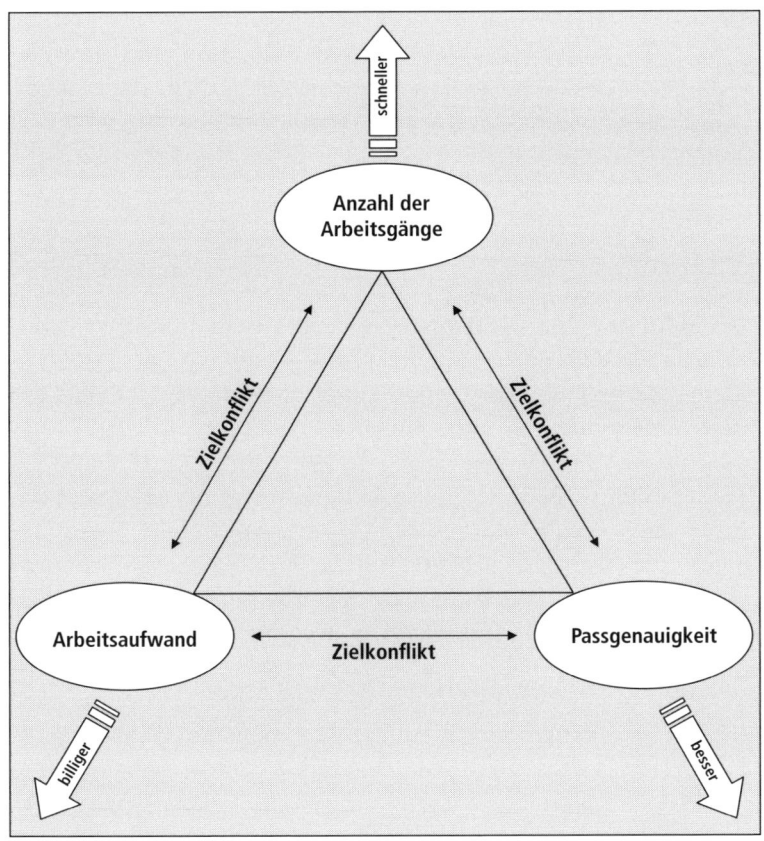

Zielkonflikt Pleuel

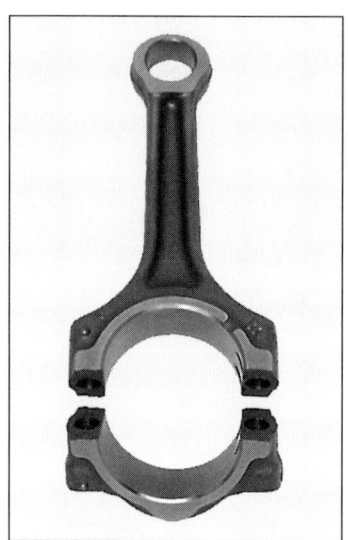

Gecrackter Pleuel
(Quelle: MAHLE)

sern, Nutzen erhöhen) und gleichzeitig den Arbeitsaufwand für die Fertigung minimieren (Aufwand senken). Als logische verbindende Größe ergibt sich die Anzahl der Arbeitsgänge für die Herstellung der passgenauen »Augen« in der Pleuelstange.

Aufgelöst wurde dieser Widerspruch, indem die Verbindungsstelle im »großen Auge« nicht mehr aufwendig mechanisch bearbeitet wird, sondern an einer Sollbruchstelle Ober- und Unterteil getrennt werden. Durch das Bruchtrennen an einer definierten Stelle entsteht eine unregelmäßig ineinandergreifende Oberflächenstruktur und somit die gewünschte hochgenaue Verbindungsstelle. Eine Nachbearbeitung der Flächen ist nicht erforderlich. Der Herstellungsaufwand konnte deutlich minimiert werden.

Das Verfahren wurde etwa 1995 eingeführt und wird in der Serienfertigung von Pleuelstangen für die Automobilindustrie eingesetzt.

Widersprüche methodisch auflösen

Nach der Formulierung der widersprüchlichen Forderungen werden nun aus dem dazugehörigen »Baukasten« mit Lösungsansätzen die Methoden ausgesucht, die sich am besten eignen, den zunächst unvereinbar erscheinenden Widerspruch aufzulösen. Am bekanntesten sind die Methoden der 40 Lösungsprinzipe und der Lösungseffekte. Sie sollen dabei helfen, Denkblockaden zu überwinden und möglichst effektiv Lösungen auf hohem Niveau zu finden. Die Methoden arbeiten mit Analogien aus bekannten Lösungen. Durch die Übertragung dieser Lösungen wird die Wahrscheinlichkeit erhöht, innovative Ideen zu generieren.

Bevor wir mit den Lösungsmethoden beginnen, möchte ich noch kurz auf die Vorzüge von Kreativitätstechniken und widerspruchsorientierten Lösungsmethoden eingehen.

Die widerspruchsorientierten Lösungsmethoden liefern nur sehr wenige, dafür aber entsprechend hochwertige Ideen. Streuverluste werden gering gehalten. Die widerspruchsorientierten Methoden werden eher von erfahrenen Fachleuten eingesetzt. Im Gegensatz dazu erreicht man mit den Kreativitätstechniken in sehr kurzer Zeit eine große Menge an Ideen. Das hat Vorteile in Gruppen, bei denen möglichst viele unterschiedliche Personen in den Innovationsprozess eingebunden werden sollen.

Widerspruchs-orientierte Methoden oder Kreativitäts-techniken?

Die widerspruchsorientierte Lösungsmethode lässt sich keineswegs nur für technische Produkte einsetzen, sondern kann in allen unternehmerischen Bereichen (Prozess-, Produkt-, Management- und Organisationsbereich), ja in allen Bereichen unseres Lebens als fortschrittliche Innovationsstrategie genutzt werden.

Auch hierzu ein kurzes Beispiel: Sie kennen bestimmt auch große Kreuzungen mit Ampelregelungen. Leider ist der Verkehrsfluss an solchen großen Kreuzungen durch den zunehmenden Verkehr nicht immer zufriedenstellend. Auch hier sehen wir einen Zielkonflikt und können einen Widerspruch formulieren, der da lautet: Verkürzung der Wartezeit an der Kreuzung trotz Erhöhung des Fahrzeugaufkommens. Sie kennen die Lösung. Immer mehr Ampelanlagen werden abgebaut und die Kreuzungen werden durch einen Kreisverkehr ersetzt. Das System organisiert sich selbst und der Verkehrsfluss wird optimiert.

Übung

Erstellen Sie für ein beliebiges System, ein Produkt, eine Organisation oder einen Prozess jeweils eine Auflistung für Nutzen und Aufwand. Welche widersprüchlichen Forderungen können Sie daraus bilden? Welche dieser gegensätzlichen Zielforderungen bieten bei einer Lösung ein hohes Potenzial?

Innovative Ideen entstehen durch die Lösung der widersprüchlichen Forderung.

Lösungsprinzipe

Als Nächstes müssen die gegensätzlichen Zielforderungen gelöst werden. Altschuller hat bei den Untersuchungen von Patentschriften festgestellt, dass es mehrere Grundideen gibt, die bei völlig unterschiedlichen Problemen immer wieder zum Erfolg geführt haben. Altschuller konzentrierte diese Lösungsansätze und formulierte die nun folgenden …

40 Lösungsprinzipe

1. Zerlegung
2. Abtrennung, Weglassen
3. Örtliche Qualität
4. Asymmetrie
5. Kopplung
6. Universalität
7. Integration, Verschachtelung (Steckpuppe, Matrjoschka)
8. Gegengewicht, Gegenmasse
9. Vorherige Gegenwirkung, Vorspannung, vorgezogene Gegenwirkung
10. Vorherige Wirkung, vorgezogene Wirkung
11. »Vorher untergelegtes Kissen« (Prävention)
12. Äquipotenzialität (potenzielle Energie im System bleibt unverändert)
13. Umkehr, Funktionsumkehr (Inversion)
14. Kugelähnlichkeit, Übergang zu sphärischen Formen
15. Dynamisierung
16. Partielle oder überschüssige Wirkung
17. Übergang zu anderen Dimensionen, Übergang zur höheren Dimension
18. Ausnutzung mechanischer Schwingungen
19. Periodische Wirkung
20. Kontinuität der nützlichen Wirkung, Kontinuität der Wirkprozesse, Permanenz
21. Durcheilen, Überspringen
22. Umwandlung von Schädlichem in Nützliches

23. Rückkopplung, Feedback
24. Vermittlung, Übertragung der Wirkung
25. Selbstbedienung
26. Kopieren
27. Billige Kurzlebigkeit anstelle teurer Langlebigkeit
28. Ersetzen des mechanischen Systems, Ersetzen mechanischer Wirksysteme
29. Anwendung von Pneumo- und Hydrosystemen
30. Anwendung biegsamer Hüllen und dünner Folien
31. Verwendung poröser Werkstoffe
32. Farbänderung
33. Gleichartigkeit, Homogenität
34. Beseitigung und Regenerierung von Teilen
35. Veränderung des Aggregatzustandes, Veränderung der physikalischen und chemischen Eigenschaften
36. Anwendung von Phasenübergängen
37. Anwendung der Wärmedehnung
38. Anwendung starker Oxidationsmittel
39. Anwendung eines trägen Mediums, Verwendung eines inerten Mediums
40. Anwendung von Verbundwerkstoffen, Anwendung zusammengesetzter Stoffe

(Quelle: Wikipedia)

Mit Analogien neue Lösungsansätze entwickeln

Jedes Prinzip wird bei Altschuller mit mehreren Beschreibungen und vielen Beispielen aus den unterschiedlichsten Fachgebieten erklärt. Wie schon bei der Lösungsableitung ist es nun unsere Aufgabe, die bereits bekannten Lösungen auf unser Problem zu übertragen und mit den Analogien neue Lösungsansätze zu entwickeln.

Zur Veranschaulichung soll auch hier wieder das Problem der Milben in den Bettmatratzen dienen. Unter Punkt 38 finden wir das Prinzip der Anwendung starker Oxidationsmittel. Ein bekanntes und oft aufgeführtes Beispiel zu diesem Prinzip ist die Entkeimung (Bekämpfung von Viren und Bakterien) der Luft oder des Wassers (Chlor im Schwimmbad). Die Entkeimung erfolgt durch ein Oxidationsmittel. Als Oxidationsmittel in der Luft dient Ozon, das durch Ionisation der Luft oder durch Ultraviolettstrahler entsteht.

Die Beschreibung zu Prinzip Nummer 38 schlägt Folgendes vor:

Stufe 1:   Man ersetzt normale Luft durch sauerstoff-
           angereicherte Luft (Sauerstoff als Oxidationsmittel).
Stufe 2:   Man ersetzt die angereicherte Luft durch reinen
           Sauerstoff.
Stufe 3:   Man setzt die Luft oder den Sauerstoff ionisierender
           Strahlung aus.
Stufe 4:   Man benutzt Ozon oder andere Oxidationsmittel.

Genau so wurde das Problem der Milben gelöst. Anstatt mit heißem Dampf werden die Matratzen nun mit ozonhaltiger Luft durchströmt. Vorhandene Milben werden abgetötet. Das Oxidationsmittel Ozon, gerne auch als aktiver Sauerstoff bezeichnet, ist ein sehr instabiles Molekül und zerfällt nach der Behandlung innerhalb kurzer Zeit wieder zu Sauerstoff.

Es würde den Rahmen dieses Kapitels sprengen, nun auf jedes einzelne Prinzip einzugehen und die Beschreibungen sowie die Beispiele aufzuführen. Sie finden entsprechende Informationen für die 40 Lösungsprinzipe unter: **www.RuedigerKohl.com/Sektkelch-strategie.** (Quelle: www.triz40.com)

Einteilung der Lösungsprinzipe nach Aufgaben

Die Top-10-Prinzipe führen am häufigsten zum Erfolg

Mehrere TRIZ-Experten wie S. Fayer, P. Livotov, V. Petrov haben die 40 Lösungsprinzipe nach der Bedeutsamkeit für die Bearbeitung spezieller Aufgaben sortiert.

Die Top 10 für den Start:

• Beginnen wir mit den 10 Lösungsprinzipen, die bei unterschiedlichen Aufgaben am häufigsten zum Erfolg führen:
  1, 2, 10, 13, 15, 17, 18, 19, 28, 32.

- Bei Konstruktions- und Designaufgaben haben die folgenden Lösungsprinzipe eine große Bedeutung:
  1, 2, 3, 4, 5, 6, 7, 8, 13, 15, 17, 24, 30.

- Wenn Sie etwas an der Substanz (Quantität, Qualität, Struktur, Form) verändern wollen, so hat es sich bewährt, zuerst die folgenden Lösungsprinzipe zu betrachten:
  1, 2, 3, 4, 7, 14, 17, 30, 31, 40.

- Zur Steigerung der Effektivität und/oder zur Reduzierung der Kosten nutzen Sie die Lösungsprinzipe
  1, 2, 3, 5, 6, 10, 16, 20, 25, 26, 27, 34.

- Wollen Sie schädliche wechselseitige Wirkungen oder Umstände beseitigen, so empfehlen sich die Lösungsprinzipe
  9, 10, 11, 12, 13, 19, 21, 23, 24, 26, 33, 39.

- Zur Nutzung wissenschaftlicher Effekte, Felder und spezieller Substanzen dienen die Lösungsprinzipe
  8, 18, 28, 29, 30, 31, 32, 35, 36, 37, 38, 40.

Zielkonflikttabelle

Normalerweise fällt es mir nicht schwer, für ein beliebiges System, ein Produkt, eine Organisation oder einen Prozess eine Auflistung für Nutzen und Aufwand zu erstellen. Mit der Auflistung von Aufwand und Nutzen ist der Zielkonflikt schnell formuliert. Viel schwieriger finde ich die Aufgabe, die passende verbindende Größe zu finden. Im Beispiel der Pleuelstange bildete die Anzahl der Arbeitsgänge diese logische Verknüpfung.

Zielkonflikt formulieren

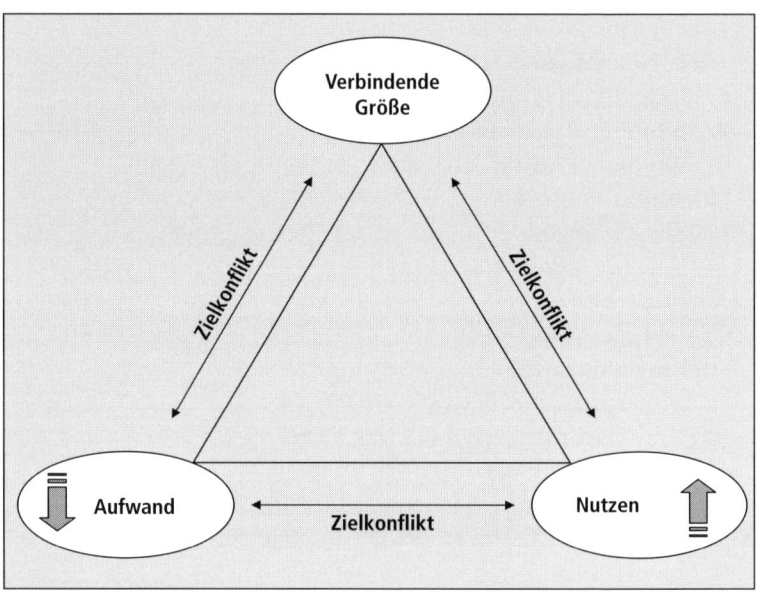

Logische Verknüpfung

Auch für die Suche nach der verbindenden Größe möchte ich Ihnen ein hilfreiches Werkzeug vorstellen. Auf unterschiedlichen Internetseiten werden kostenlos interaktive TRIZ-Konfliktetabellen angeboten. Zum Beispiel über GINA-Innovation-Tools. Projektträger ist das Forschungszentrum Karlsruhe. Die Internetadresse lautet: **www.gina-net.de**. Dort wählen Sie den Menüpunkt TRIZ. Alternativ auch über SolidCreativity unter **www.triz40.com**. Aktuelle Informationen und zugehörige Internetlinks finden Sie auch unter **www.RuedigerKohl.com/Sektkelchstrategie**.

Sie entdecken dort die folgenden 39 typischen Parameter für Aufwand und Nutzen. Also die Faktoren, die sich durch den Zielkonflikt gegenseitig beeinflussen und entsprechend verbessert oder verschlechtert werden.

1: Gewicht eines bewegten Objektes
2: Gewicht eines stationären Objektes
3: Länge eines bewegten Objektes

4: Länge eines stationären Objektes

5: Fläche eines bewegten Objektes

6: Fläche eines stationären Objektes

7: Volumen eines bewegten Objektes

8: Volumen eines stationären Objektes

9: Geschwindigkeit

10: Kraft, Intensität

11: Druck, Spannung

12: Form

13: Stabilität eines Objektes

14: Festigkeit, Stärke

15: Haltbarkeit eines bewegten Objektes

16: Haltbarkeit eines stationären Objektes

17: Temperatur

18: Helligkeit

19: Energiekonsum eines bewegten Objektes

20: Energiekonsum eines stationären Objektes

21: Leistung

22: Energieverlust

23: Materialverlust

24: Informationsverlust

25: Zeitverlust

26: Materialmenge

27: Zuverlässigkeit

28: Messgenauigkeit

29: Fertigungsgenauigkeit

30: Äußere negative Einflüsse auf das Objekt

31: Negative Nebeneffekte des Objektes

32: Fertigungsfreundlichkeit

33: Benutzungsfreundlichkeit

34: Reparaturfreundlichkeit

35: Anpassungsfähigkeit

36: Komplexität in der Struktur

37: Detektions- und Messschwierigkeit

38: Automatisierungsgrad

39: Produktivität

(Quelle: www.triz40.com)

Wenden Sie die Auflistung einmal auf unser Beispiel des gecrackten Pleuels an. Die Fertigungsgenauigkeit (Parameter 29) sollte erhöht werden. Gleichzeitig musste aber der Arbeits- beziehungsweise Produktionsaufwand (Parameter 39) verringert werden. Unter anderem wird das Lösungsprinzip Nummer 10 – vorgezogene Aktion / vorgezogene Wirkung – durch die Zielkonflikttabelle aufgeführt. Das zugehörige Beispiel beschreibt ein Bastelmesser, bei dem die Klinge mit Kerben (Sollbruchstellen) versehen ist, um die stumpfen Klingenteile abbrechen zu können. Von der Sollbruchstelle am Bastelmesser bis zur Idee des Bruchtrennens beim Pleuel ist es nun nicht mehr weit.

Übung

Erproben Sie die Methode mit dem Zielkonflikt, den Sie selber in der letzten Übung aufgestellt haben.
Wenn Sie keinen geeigneten Zielkonflikt formulieren konnten, versuchen Sie es mit einem aktuellen Thema. Unsere Autos werden immer schwerer und mit noch stärkeren Motoren ausgestattet. Der immer wieder diskutierte paradoxe Widerspruch könnte lauten: Erhöhung der Antriebskraft für ein Kraftfahrzeug (ausdrücklich nicht Motorleistung), ohne dabei noch mehr schädliche Abgase zu produzieren.

Effekte, die zu Lösungen führen

Grundsätzliche Wirkungsweisen zu Hilfe nehmen

Die meisten technischen Lösungen können auf physikalische, chemische, biologische und geometrische Effekte zurückgeführt werden. Im Umkehrschluss sollte also auch die Betrachtung dieser Effekte bei der systematischen Lösungsfindung helfen können. Wir alle kennen viele dieser Effekte, zum Beispiel den fluidmechanischen Effekt der Oberflächenspannung. Die Frage ist allerdings: Fallen uns immer die richtigen Effekte ein, wenn wir auf der Suche nach Lösungen sind? Ich bin oft erstaunt, zu welchen innovativen Lösungen man geführt wird, wenn man sich grundsätzliche Wirkungsweisen zu Hilfe nimmt.

Innerhalb der TRIZ-Methoden wurden die physikalischen, chemischen und geometrischen Effekte katalogisiert. Eine zusätzliche Gruppe bilden die biologischen Effekte. Da wir uns ja letzten Endes nicht für die Effekte, sondern für die Realisierung von Aufgaben interessieren, wurde der Katalog der Effekte außerdem nach ihrer Wirkung beziehungsweise der Erfüllung der erforderlichen Funktionen sortiert.

Schauen wir uns hierzu wieder die Liste unserer Beispiele an. Bei der Entkeimung von Bettmatratzen (Milbenbekämpfung) könnten wir uns die Frage stellen: Mit welchen physikalischen, chemischen, biologischen oder geometrischen Effekten können Milben in Bettmatratzen bekämpft werden?

Hier ein paar der möglichen Ideen:

- Physikalischer Ansatz: Bekämpfung der Milben durch Strahlung – natürlich eine Strahlung, die für den Menschen unschädlich ist. Durch entsprechende Strahlung kann zum Beispiel Ozon entstehen.
- Chemischer Ansatz: Entkeimung durch ein Oxidationsmittel wie Ozon.
- Biologischer Ansatz: Abtöten der Milben mit heißem Dampf (damit wird derzeit gearbeitet). Möglich wäre aber auch ein Einfrieren der Spinnentiere.
- Geometrischer Ansatz: Extrem engmaschige oder geschlossene Oberflächen, die ein Eindringen der Milben in die Matratze verhindern.

Jedes Mal entsteht eine komplett andere Idee zur Lösung des Problems. Bei der Turnschuhkühlung oder der Kühlung geparkter Fahrzeuge geht es um die Aufgabe, die Temperatur zu senken. Unter dem entsprechenden Aufgabenpunkt »Senken der Temperatur« können Sie folgende Effekte finden:

- Thermomagnetische Kühlung, magnetokalorischer Effekt
- Thermoelektrische Phänomene, z.B. Peltier-Effekt
- Wärmeleitung, Wärmestrahlung, Konvektion

- Wärmerohr, z. B. Heat-Pipe, Thermosiphon
- Effekte durch Phasenübergänge
- Joule-Thomson-Effekt
- Ranque-Effekt

Erläuterungen im Internet Kennen Sie alle der aufgeführten Effekte? Oder ist für Sie auch etwas Neues dabei? Sollten Ihnen einzelne Effekte überhaupt nicht bekannt sein, lassen sich mithilfe von Google und / oder Wikipedia normalerweise gute Erklärungen und Beispiele für die einzelnen Effekte finden.

Aufgabenkatalog Da es auch hier den Rahmen dieses Kapitels sprengen würde, auf jeden einzelnen Effekt und die Wirkung beziehungsweise die Realisierung von Aufgaben einzugehen, hier nur ein Auszug aus dem Aufgabenkatalog.

- Veränderung der Abmessungen, Länge, Fläche, Größe, Form, Masse, Dichte, Oberflächen-, Volumen-, optischen und chemischen Eigenschaften von Objekten und Prozessen
- Ermittlung der Abmessungen, Position, Größe, Masse, Dichte, Oberflächen- und Volumeneigenschaften von Objekten; Ermittlung von Feldern und Strahlung
- Bewegung von Gasen, Flüssigkeiten, Aerosolen und Objekten
- Erzeugen von Kräften, Drücken, elektromagnetischen Feldern, Strahlung
- Temperaturänderung / -messung
- Trennen und Mischen von Stoffen
- Bewegung, Stabilisierung, Transport und Zerstörung von Stoffen und Objekten
- Energieübertragung, -speicherung und -umwandlung

Natürlich finden Sie ausführliche Informationen zu den Effekten und dem Aufgabenkatalog wieder unter **www.RuedigerKohl.com/ Sektkelchstrategie**.

Kreativitätstechniken

Die Fachliteratur ist voll von den unterschiedlichsten Kreativitätstechniken. Im Gegensatz zu den gerade vorgestellten »systematischen« Lösungsmethoden zur Entwicklung gezielter Lösungen arbeiten die Kreativitätstechniken viel stärker mit intuitiven Elementen.

Einsatz von intuitiven Elementen

Um möglichst viele kreative Ansätze zu finden, wird meistens in Gruppen von fünf bis zehn Personen gearbeitet. Nach meiner Einschätzung liegt eine große Schwierigkeit bei den in Gruppen durchgeführten Workshops darin, dass die Teilnehmer Angst haben. Zum einen Angst davor, sich mit »dummen« Vorschlägen vor den anderen Teilnehmern zu blamieren, zum anderen bestehen Ängste vor Hierarchiestrukturen. Wer widerspricht schon gerne den Vorschlägen des eigenen Chefs, wenn es um die Bewertung und Auswahl der gefundenen Lösungen geht?

Der Vorteil der Kreativitätstechniken liegt darin, dass das Problem aus sehr vielen unterschiedlichen Blickrichtungen betrachtet wird, wodurch natürlich auch viele unterschiedliche Lösungsansätze entstehen, und dass jeder in den Prozess eingebunden werden kann. In der Praxis bietet es sich meiner Meinung nach an, die so entstandenen Lösungsansätze um die bereits vorgestellten »systematischen« Lösungsmethoden zu ergänzen.

Praxistipp: Kombinieren und ergänzen

Beispiele für Kreativitätsmethoden sind:

- Brainstorming
- Walt-Disney-Methode
- Denkhüte
- Provokationstechnik
- Osborn-Checkliste
- Kopfstandtechnik
- Semantische Intuition
- Bionik
- Fishbone Diagram
- Quizzing

- Brainwriting
- Methode 6-3-5
- Collective Notebook
- Morphologischer Kasten
- Morphologische Matrix
- Analogietechnik
- Synektik
- Nebenfeldintegration
- Attribute Mapping
- Mindmapping
- Cluster

Ich möchte an dieser Stelle nur auf einige Methoden näher eingehen, da sie meiner Meinung nach für das Auffinden und Lösen von Problemen ausreichend sind.

Brainstorming

Das von Alex Osborn entwickelte Brainstorming ist die wohl bekannteste aller Kreativitätsmethoden. Viele Kreativitätstechniken wie Brainwriting (schriftliches Brainstorming), Collective Notebook (jeder arbeitet für sich), Methode 6-3-5 (Ideenblatt wird in der Gruppe weitergereicht), Mindmapping (Ideenbaum) und Cluster (sortiertes Brainstorming mit Kernwort) nutzen die Grundidee des Brainstormings.

Ideen erst sammeln, dann bewerten Das Vorgehen ist einfach, schnell und setzt keinerlei Vorkenntnisse bei den Teilnehmern voraus. Jeder Teilnehmer nennt alle Punkte, die ihm zu dem vorgegebenen Thema einfallen. Dabei werden die Punkte in keiner Art gewertet. Ziel ist es, so viele Einfälle wie irgend möglich zu sammeln. Die Teilnehmer sollen sich gegenseitig inspirieren und Vorschläge miteinander kombinieren. In dieser Phase geht es um Quantität, nicht um Qualität. Die Sortierung, Bewertung und Auswahl der Gedanken erfolgt später. Dazu werden die gefundenen Ideen der Gruppe vorgelesen und von der Gruppe geordnet.

Die wichtigsten Punkte, um aus einem Brainstorming keinen langweiligen Kaffeeplausch werden zu lassen, sind Tempo und die Einhaltung der folgenden Regeln:

- Jeder kann und soll sagen, was er denkt.
- Kritisieren und Kommentieren sind verboten.
- Alle Punkte werden notiert.
- Gedanken dürfen auch mehrfach genannt werden.
- Laut und deutlich sprechen.
- Andere Teilnehmer ausreden lassen.

Der Moderator hat die Aufgabe, das Brainstorming interessant zu halten. Jeder Teilnehmer soll immer wieder animiert werden, weitere Beiträge zu liefern.

Walt-Disney-Methode

Um ein Problem möglichst gezielt aus mehreren Blickwinkeln zu betrachten, schlüpfen die Teilnehmer abwechselnd in unterschiedliche Rollen. Je nach Rolle argumentiert man als

Rollenspiele zur Problembeleuchtung einsetzen

- Träumer oder Ideenlieferant
- Realist oder Macher
- Kritiker oder Fragesteller

Durch die unterschiedlichen Rollen sollen keine wichtigen Argumente außer Acht gelassen werden. Außerdem können durch das Rollenspiel Hemmungen abgebaut werden. Manchen Menschen fällt es leichter, aus einer Rolle heraus zu diskutieren und zu argumentieren. Keiner muss sich selbst spielen.

Denkhüte

Edward de Bono entwickelte die Walt-Disney-Methode weiter und erhöhte die Anzahl der Rollen und damit der Blickwinkel. Die einzelnen Rollen werden durch farbige Hüte symbolisiert.

Rollen durch Hüte darstellen

Natürlich können Sie anstelle von Hüten auch farbige Tischkarten verwenden. De Bono definierte insgesamt sechs Denkhüte (Six Thinking Hats), um die unterschiedlichen Blickrichtungen zu gewährleisten. Dies sind

- der objektive, analytische Hut
- der subjektive, emotionale Hut
- der skeptische, kritische Hut
- der spekulative, optimistische Hut
- der konstruktive, kreative Hut
- der »Big Picture«, moderierende Hut

Provokationstechnik

Denkstrukturen aufbrechen
Eine weitere von Edward de Bono entwickelte Methode soll dabei helfen, gewohnte Denkstrukturen aufzubrechen. Fakten, Erfahrungen oder Expertenwissen werden durch gezielte Provokationen außer Kraft gesetzt. Besonders dort, wo Entwicklungen durch ein Dogma zum Stillstand kommen, kann diese Methode weiterhelfen.

Hier ein paar Beispiele für typische Provokationen:

- Provokation mit dem Idealfall: »Autos produzieren gar keine Abgase«. Ein Fahrzeug mit Elektroantrieb könnte die Antwort auf diese Provokation sein.
- Provokation, die feste Annahmen aufhebt: »In Turnschuhen bekommt man immer Schweißfüße.« Antwort: Dann kühlen wir den Turnschuh.
- Provokation durch Umkehr: Schüler geben ihren Lehrern Noten, zum Beispiel über ein Internetportal (das finden allerdings nicht alle Lehrer lustig).
- Provokation durch Übertreibung (übertreiben Sie einmal richtig!):»Es gibt nur noch alte Menschen, die keine Treppen mehr laufen können.« Hieraus könnte eine Idee für Geh- oder Bewegungshilfen entstehen, die auch Treppen überwinden können.

Osborn-Checkliste

Eine systematische Auflistung von »provokanten Fragen« finden Sie in der von Alex Osborn entwickelten Osborn-Checkliste. Die Liste soll Sie natürlich nicht davon abhalten, eigene provokante Fragen zu formulieren. Wenn es aber wieder mal schnell gehen muss, deckt die Liste die wichtigsten Punkte ab. Also – provozieren Sie! In diesem Fall ist es ja für einen guten Zweck. Alex Osborn gruppierte seine Fragen in neun Unterpunkten.

Auflistung provokanter Fragen

- Put to other uses – anders verwenden
- Adapt – nachahmen, nach Ähnlichem suchen
- Modify – Verändern von Farbe, Form, Klang usw.
- Magnify – vergrößern, etwas hinzufügen, schneller, größer, stärker machen usw.
- Minify – verkleinern, etwas weglassen, langsamer, schwächer machen usw.
- Substitute – anderes Material, andere Bestandteile verwenden
- Rearrange – umstellen, neu sortieren, anders zusammenbauen
- Reverse – umkehren, umdrehen, von der anderen Seite anschauen, auf den Kopf stellen
- Combine – kombinieren, zusammenfügen, vermischen

Diese Unterpunkte lassen sich wie eine Checkliste in folgenden Ansätzen zusammenfassen.

Zusammenfassen in Ansätzen

Ansatz: Andere Verwendung

1. Gibt es alternative Verwendungen, wenn es bleibt, wie es ist?
2. Gibt es alternative Verwendungen, wenn es angepasst wird?

Ansatz: Anpassung

3. Was sonst ist so wie dies?
4. Zu welchen anderen Ideen/Verwendungen regt es an?
5. Gibt es Parallelen in der Vergangenheit?
6. Was kann ich kopieren?
7. Wen kann ich nachahmen? Was kann ich nachbilden?

Ansatz: Abwandlung

8. Neue Wendung, Drall, Richtung?
9. Bedeutung, Farbe, Bewegung, Richtung, Ton, Geruch, Form, Ausformung verändern?
10. Andere Formen, Geometrien?

Ansatz: Vergrößerung

11. Was kann ich hinzufügen?
12. Was entsteht in einem längeren Zeitraum?
13. Höhere Frequenz, häufigeres Auftreten?
14. Stabiler, fester, stärker?
15. Höher?
16. Länger?
17. Dicker?
18. Zusätzlichen Wert addieren? Wert vergrößern?
19. Zusätzliche Komponente, Zutat, Fähigkeit?
20. Duplizieren?
21. Vervielfachen?
22. Übertreiben, aufbauschen?

Ansatz: Verkleinerung

23. Was kann reduziert werden?
24. Kann komplett verkleinert werden?
25. Kompaktieren, kondensieren?
26. Miniaturisieren?
27. Verflachen?
28. Verkürzen?
29. Abspecken? Leichtbau?
30. Auslassen? Weglassen?
31. Rationalisieren? Windschlüpfriger machen?
32. Aufteilen?
33. Untertreiben, unterbewerten, abwerten?

Ansatz: Ersetzen

34. Wer stattdessen?
35. Was stattdessen?
36. Andere Zutat, Bestandteil? Anderer Inhaltsstoff, Betriebsstoff?

37. Anderes Material?

38. Anderer Prozess? Andere Herstellung? Anderer Aufbau?

39. Andere Energie, Antriebsquelle?

40. Anderer Ort?

41. Anderer Ansatz?

42. Anderer Klang, Ton? Andere Stimme?

Ansatz: Umordnung

43. Komponenten austauschen, umgruppieren?

44. Anderes Schema, Dekor, Modell, andere Erscheinung?

45. Anderes Layout?

46. Andere Reihenfolge?

47. Ursache und Wirkung vertauschen?

48. Schritte, Stufen, Tempo wechseln?

49. Ablauf, Raster verändern?

Ansatz: Umkehr

50. Positiv und negativ vertauschen?

51. Was ist mit dem Gegenteil?

52. Von hinten aufzäumen?

53. Auf den Kopf stellen?

54. Rollen oder Aufgaben vertauschen?

55. Die Schuhe des anderen anziehen?

56. Den Spieß umdrehen?

57. Einweg zu Mehrweg? Mehrweg zu Einweg?

Ansatz: Kombinieren

58. Was ist mit einer Mischung, einer Legierung, einer Auswahl, einer Ansammlung?

59. Einheiten anders kombinieren?

60. Absichten, Einsatzbereiche anders kombinieren?

61. Ansprüche anders kombinieren?

62. Ideen, Ansätze, Teillösungen anders kombinieren?

(Quelle: Wikipedia)

Kopfstandtechnik

Umkehr der Aufgabenstellung

Eine weitere Provokation ist die Umkehr der Aufgabenstellung. Normalerweise würde sie lauten: Lehrer bewerten ihre Schüler. Und nun der umgekehrte Fall. Was geschieht, wenn Schüler ihre Lehrer bewerten? Sie merken schon, daraus können sich spannende Diskussionen ergeben. Kopfstandfragen, die ich immer gerne stelle, lauten: Was können Ihre Kunden, Ihr Wettbewerb, Ihre Lieferanten für Sie tun? – Zum Beispiel Sie weiterempfehlen, mit Ihnen zusammen Probleme der Umwelt lösen, den Bekanntheitsgrad steigern oder gemeinsam »über Kreuz« die Kundenadressen nutzen.

Semantische Intuition

Kombinieren der Stichwörter zum Thema

Bei dieser Methode werden Stichworte aus dem thematischen Umfeld gesucht und beliebig kombiniert. Sie können die Stichworte auch auf kleine Zettel schreiben und zufällig kombinieren. Für die Lösungsfindung kann es hilfreich sein, diese Methode mit den Lösungseffekten zu kombinieren. Bei der Entkeimung von Matratzen könnten basierend auf den Stichworten Matratze, Hitze, Kühlung, Oxidation, Strahlung usw. folgende Wortkombinationen zu neuen Ideen führen:

Matratzenhitze   – möglicher Ansatz: Dampfbehandlung
Matratzenkühlung   – möglicher Ansatz: Einfrieren
Matratzenoxidation – möglicher Ansatz: Ozonbehandlung
Matratzenstrahlung – möglicher Ansatz: in die Matratze
                       integrierte UV-Leuchten oder die
                       Matratze einfach mal einen Tag in
                       die Sonne legen

Es gibt weitere Kreativitätsmethoden, die mit demselben Ansatz arbeiten, etwa die Zufallstechnik (beliebige Bilder und Wörter) oder die Bisoziation, die mit Bildern, Wörtern oder Vorstellungen arbeitet.

Bionik

Die Bionik (Biomimetik) beschreibt das systematische Lernen von der Natur. Zu einem bestimmten Problem werden bekannte Lösungen in der Natur gesucht. Also eine Art Lösungsableitung aus der Natur. Die Schwierigkeit hierbei ist: Es gibt keine Stichwort- oder Volltextsuche wie bei den Patentdatenbanken. Typische Beispiele sind der Klettverschluss, der Lotus-Effekt, der Flugzeugflügel oder moderne Antriebsarten, die auf die Bewegung von Tintenfischen zurückzuführen sind. In der Festigkeitslehre liefern Bäume oder Knochenstrukturen neue Ideen für leichte und stabile Konstruktionen.

Systematisches Lernen von der Natur

Fishbone Diagram (Kaoru-Ishikawa-Diagramm)

Beim Fischgräten-Diagramm beginnt die Lösungssuche mit einem waagerechten Strich. Am Ende der Linie wird das Problem beschrieben. Oberhalb und unterhalb der Linie werden alle Einflussgrößen und -faktoren, die für das Problem verantwortlich sind, eingetragen. Über schräge Linien werden die Problemursachen und Einflüsse mit der Hauptlinie verbunden. Es entsteht ein Bild, das an Fischgräten erinnert. An die schrägen Linien werden nun die möglichen Lösungsansätze und -effekte geschrieben.

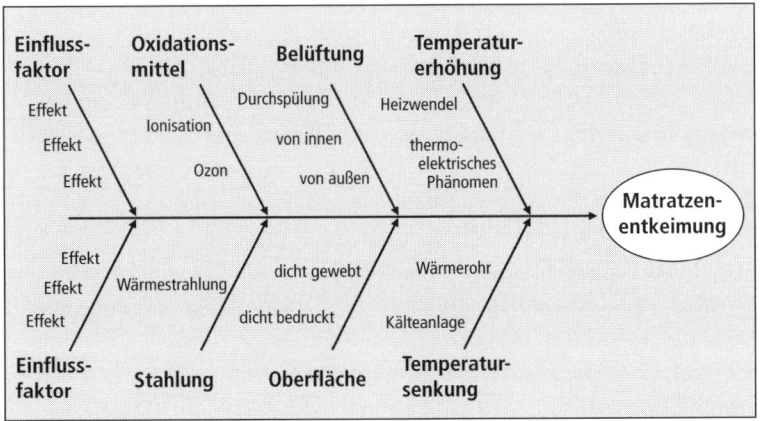

Fishbone Diagram

Ursachen und Wirkungen darstellen

Ziel dieser Vorgehensweise ist es, alle Ursachen und deren Wirkung auf das Problem zu berücksichtigen. Daher wird das Schaubild auch gern als **Ursache-Wirkungs-Diagramm** bezeichnet. Mit einem vergleichbaren Ansatz arbeitet auch die **Relevanzbaumanalyse**. Das Ursache-Wirkungs-Diagramm lässt sich auch gut als **Mindmap** darstellen. Dabei steht das Problem im Mittelpunkt und alle Ursachen und Wirkungen werden ohne vorgegebene feste Struktur direkt an das Problem geschrieben.

Einflüsse auflisten

Hier ein paar Beispiele für typische Einflussfaktoren:

- 4 P (Marketingmix): Product, Price, Place, Promotion.
- 4 M: Mensch, Material, Maschinen und Methoden.
- Oder eingeteilt nach den Entscheidungskriterien: spontan, emotional, zufällig, rational.
- Oder nach Ressourcen: Stoff, Energie, Raum, Zeit.
- Oder auch nach der Unternehmensumwelt: Kunden, Lieferanten, Wettbewerb, Mitarbeiter.

Aus den Lösungseffekten ergeben sich die Hauptgruppen physikalische, chemische, biologische und geometrische Effekte. Je nach Projekt werden diese Haupteinflussgrößen weiter heruntergebrochen.

Quizzing

Mit W-Fragen zu besserem Verständnis

Diese Kreativitätstechnik verwende ich in erster Linie dazu, bestehende Angebote, Produkte und Dienstleistungen besser zu verstehen, neue Möglichkeiten zu entdecken und Vermarktungsansätze zu entwickeln. Die sogenannten »W-Fragen« (wer, wie, was, wieso, weshalb, warum …) bilden den Leitfaden bei dieser Methode. Das gesamte Nutzungs- und Kaufverhalten für ein Produkt oder eine Dienstleistung soll damit aus den unterschiedlichsten Blickwinkeln betrachtet werden.

Hierzu kann man folgende Fragen stellen, die natürlich beliebig erweitert werden können.

Quizzing-Fragen: Prüfen Sie Ihre Idee

Wer?

- Wer nutzt unser Angebot?
- Wer ist bei unserem Kunden, wenn er unser Angebot verwendet?
- Wer hat Einfluss auf den Kaufprozess unseres Kunden?
- Wer kennt unseren Kunden/unsere Zielgruppe bereits?
- Wer ist der Endverbraucher unserer Idee?
- Wer verfügt über Ressourcen, die zur Herstellung und Umsetzung nötig sind?
- Wer ist der härteste Konkurrent im Markt?

Wem?

- Wem würde die Idee, wenn sie in die Hände des Wettbewerbs fällt, am meisten schaden?
- Wem würde die Idee am meisten nutzen?

Wie?

- Wie lernen Kunden das Angebot kennen?
- Wie wägen Kunden zwischen unserem Angebot und alternativen Angeboten ab?
- Wie nutzen die Kunden unser Angebot?
- Wie lange nutzen die Kunden das Angebot?
- Wie groß ist der Markt?

Was?

- Was sind die (zusätzlichen) Bedürfnisse unserer Kunden?
- Was sind die zusätzlichen Bedürfnisse unserer Kunden, wenn sie unser Angebot nutzen?
- Was könnte unser Kunde brauchen, wenn er unser Angebot verwendet?

Wieso?

- Wieso entscheiden sich die Kunden für unser Angebot?
- Wieso wählen potenzielle Kunden ein Alternativangebot?

Wo?

- Wo sind unsere Kunden, wenn sie das Angebot nutzen?
- Wo könnten unsere Kunden eventuell noch sein?

(Quelle: vgl. Dr. Marc Gruber)

Der Lösungsworkshop

Gezielte Ideen-erzeugung

Wie wichtig es ist, die Ideen in den Köpfen der Mitarbeiter zu nutzen, habe ich Ihnen bereits in Kapitel 3 beim Problemworkshop vermittelt. Der Lösungsworkshop beschäftigt sich mit der »gezielten Ideenerzeugung«, wenn die Problemstellung bereits formuliert ist. Für ein spezielles Problem wird nun möglichst breit nach Lösungsansätzen gesucht, um letztendlich die beste Lösung zu erhalten.

Nutzen Sie das **Kohl-Prinzip**. Es lautet:

KOMBINATION
OPTIMALER,
HOCHEFFIZIENTER
LÖSUNGSMETHODEN

Kombinieren Sie die besten Methoden, um das ausgewählte Problem zu lösen.

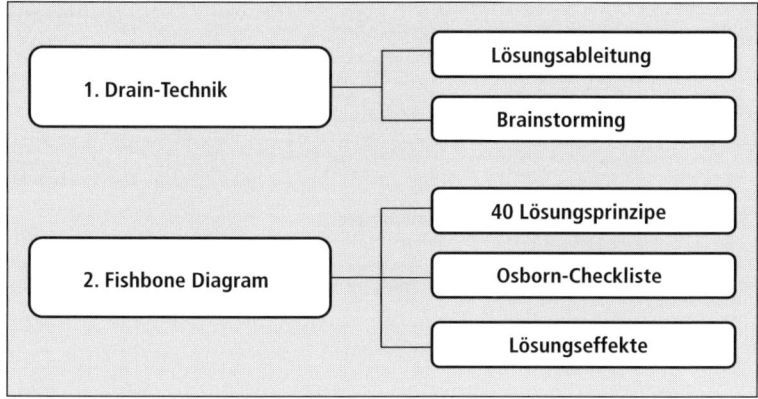

Kohl-Prinzip

Ich selber beginne immer mit einer Kombination aus Lösungs-ableitung und Brainstorming, die ich als Drain-Technik bezeichne. Hierbei werden die Patentdatenbanken »angezapft«. Die Stich-wortsuche führt bei der Lösungsableitung auf die Spur passender Analogien, die wiederum schnell zur Entwicklung von konkreten Ergebnissen auf sehr hohem Niveau genutzt werden können. An-ders als bei den Kreativitätstechniken sind die »Streuverluste« bei dieser systematischen Lösungssuche sehr gering. Die Gedanken werden gezielt in Richtung einer konkreten Lösung gelenkt. Alle Teilnehmer suchen über einen definierten Zeitraum – zum Bei-spiel zwei Stunden – nach Lösungsansätzen aus Patentschriften. Bitte machen Sie keinerlei Vorgaben zu den Stichworten. Je mehr unterschiedliche Suchbegriffe verwendet werden, desto breiter werden die Lösungsansätze gestreut sein. Nach der Suche wer-den die gefundenen Lösungsansätze der Gruppe vorgestellt. Unter Umständen macht es Sinn, mit den erlangten Kenntnissen eine zweite Drain-Technik-Runde durchzuführen.

Lösungsableitung + Brainstorming = Drain-Technik

Anschließend kombiniere ich das Fishbone Diagram beziehungs-weise eine Mindmap der wichtigsten Einflussfaktoren mit den 40 Lösungsprinzipen, der Osborn-Checkliste und den Lösungs-effekten. Dadurch wird sichergestellt, dass keine wichtigen Ein-flussfaktoren, Blickwinkel und Ansätze außer Acht gelassen wer-den.

Die Phase der Problemlösung mündet in die Lösungsauswahl durch die Teilnehmer oder ein Expertenteam. Hauptauswahlkriterium ist auch hier wieder der zu erwartende Profit.

Die Auswahl der besten Lösung

Entscheidung per Auswahlformel Je nachdem, ob Sie mehr mit den »systematischen« Lösungsmethoden zur Entwicklung gezielter Lösungen oder mit den intuitiven Kreativitätstechniken gearbeitet haben, stehen Ihnen nun unterschiedlich viele Lösungsansätze zur Verfügung, und Sie sind in der glücklichen Lage, die beste Lösung auswählen zu können. Leider fällt es uns nicht immer leicht, die richtigen Entscheidungen zu treffen. Die höhere Anzahl von Entscheidungsalternativen und die Beurteilung der Vor- und Nachteile erschweren die Auswahl. Je mehr Informationen uns für die Entscheidung zur Verfügung stehen und je weniger Unsicherheiten den Entscheidungsprozess begleiten, desto leichter fällt uns die Auswahl. Daher nutzen wir wieder die Auswahlformel. Hauptauswahlkriterium ist der zu erwartende Profit. Sie erinnern sich?

Zu erwartender Profit

=

Erfolgswahrscheinlichkeit x Absatzvolumen x Gewinnspanne

Bislang wurde die Auswahlformel auf der Ebene 1 genutzt, um das richtige Problem zu finden. Der Fragenkatalog zu den einzelnen Faktoren wurde dazu eher allgemein gehalten und auf »Oberziele« ausgerichtet. Nun wird die Auswahlformel in der Ebene 2 genutzt, um die beste Lösung zu finden. Die Fragen zu den einzelnen Faktoren müssen entsprechend angepasst werden. Die Formulierungen werden detaillierter und klarer auf das Produkt oder die Dienstleistung ausgerichtet.

Absatzvolumen

Ich möchte mit dem Absatzvolumen beginnen, da dies bei der Lösungsauswahl der einfachste Faktor der Formel ist. Es gibt an, ob für ein Produkt oder eine Dienstleistung ein Absatzmarkt besteht, wie groß dieser ist und wie er sich entwickelt. Die Auswahlformel bewahrt uns davor, Lösungen zu erarbeiten, die uns kein ausreichendes Potenzial bieten. Weil wir diesen Punkt bereits bei der Problemauswahl berücksichtigt haben und der Absatzmarkt nicht durch die Lösung des Problems beeinflusst wird, brauchen wir diesen Faktor nicht noch einmal zu bewerten. Um zu zeigen, dass der Faktor aber berücksichtigt wurde, lasse ich ihn in Klammern stehen (siehe Abbildung »Zu erwartender Profit«).

Nur Lösungen mit Potenzial wählen

Gewinnspanne

Bei der Auswahl der richtigen Lösung ist die Gewinnspanne klassisch definiert als Differenz aus Nutzen und Aufwand. Gesucht wird also die Lösung, die mit geringstem Aufwand die höchste Funktionalität bietet. Stand bei der Problemauswahl noch klar die Nutzenorientierung und damit die Maximierung des Nutzens im Vordergrund – Sie erinnern sich vielleicht noch an das Beispiel mit Viagra –, so wird bei der Lösungsauswahl die Aufwandsminimierung immer eine stärkere Beachtung finden. Gesucht werden Ideen, die unser Problem möglichst ganz ohne Aufwand lösen, wie wir es am Beispiel des gecrackten Pleuels gesehen haben. Hier entsteht die hochgenaue Verbindung (der Nutzen) durch Bruchtrennen ohne weitere Bearbeitung und damit ohne weiteren Aufwand. Schade, dass das nicht immer so einfach funktioniert.

Mit geringstem Aufwand zur höchsten Funktionalität

Erfolgswahrscheinlichkeit

Es gibt viele unterschiedliche Punkte, die den Erfolg einer Lösung im eigenen Unternehmen und bei den Kunden beeinflussen. Bei der Problemauswahl stehen der Bekanntheitsgrad und die Kundensicht im Vordergrund. Denn was helfen tolle technische Lösungen, wenn sie niemand kennt? Bei der Lösungsauswahl hat unsere Idee dann die höchste Erfolgswahrscheinlichkeit, wenn sie zu unserem Unternehmen passt, einen echten Unternehmensmehrwert bietet und ein möglichst geringes Risiko in sich trägt. Damit ergeben sich folgende Zusammenhänge:

Zu erwartender Profit

Umgang mit der Auswahlformel bei der Lösungsauswahl

Den Umgang mit der Auswahlformel kennen Sie bereits aus Kapitel 2. Die Bewertung der Lösungen geschieht in gleicher Weise. Sowohl zur Erfolgswahrscheinlichkeit als auch zur Gewinnspanne finden Sie am Ende des Kapitels Vorschläge für wichtige Fragen. Auch bei der Lösungsauswahl werden in die Auswahlformel keine absoluten Werte eingesetzt, sondern die Fragen der einzelnen Zeilen werden nach der Anzahl der Lösungen bewertet. Das heißt, bei zehn möglichen Lösungen werden Punkte von 1 bis 10 je Zeile vergeben.

Die Gewichtung der zwei Bereiche Erfolgswahrscheinlichkeit und Gewinnspanne erfolgt auch hier durch einen Faktor in den Zwischensummen. Von mir bekommen die beiden Bereiche Erfolgswahrscheinlichkeit und Gewinnspanne denselben Faktor. Das bedeutet, beide haben bei dieser Betrachtung dieselbe Bedeutung. Natürlich können sowohl die Gewichtung wie auch die einzelnen Fragen der jeweiligen Situation angepasst werden.

Das beschriebene Punktesystem erlaubt es uns, die gefundenen Lösungen einzuschätzen und miteinander zu vergleichen.

Hier ein paar Beispiele für die wichtigsten Fragen:

Fragen zur Erfolgswahrscheinlichkeit

- Passt die Lösung zu unserem Unternehmen?
- Ist das unser Kerngeschäft?
- Verstehen wir den Prozess?
- Welche Risiken sind zu berücksichtigen?
- Gibt es Ansätze für Kombinierbarkeit, Wiederverwendbarkeit, Erweiterbarkeit?
- Welche Kooperationen können für die Entwicklung und Produktion geschlossen werden?
- Welche Möglichkeiten zur Risikoverteilung ergeben sich?
- Handelt es sich um eine Neuentwicklung?
- Gibt es Möglichkeiten der Fremdvergabe zur Risikoverteilung?

Fragen zur Gewinnspanne

Nutzen:
- Welcher Nutzen entsteht für das Kundenunternehmen durch das Produkt oder die Dienstleistung? (Umsatz!)
- Wie kann die Funktionalität, Qualität, Zielerreichung bewertet werden?
- Welche Möglichkeiten gibt es zur Leistungsverbesserung?

Aufwand:
- Wie werden die Aufwendungen für sämtliche Ressourcen wie Material, Betriebsstoffe, Mitarbeiter bewertet?
- Können Möglichkeiten zur Effizienzsteigerung genutzt werden?
- Wie weitgehend muss das Ziel erreicht werden (Pareto-Prinzip – mit 20 Prozent Einsatz erreicht man 80 Prozent der Aufgabenstellung)?
- Wie können negative Einflüsse / Auswirkungen des Produkts verhindert werden (z. B. Gewährleistung)?

Merke: Nicht die *erstbeste*, sondern die *beste* Lösung bringt den größten Erfolg.

5. Vermarkten Sie die beste Idee!

Die breit angelegte Problemsuche hat uns auf die Spur vieler hervorragender Ideen mit hohem Potenzial geführt. Zur Umsetzung haben wir die Ideen mit dem höchsten Potenzial ausgewählt. Dabei macht sich bei mir mit jeder durchlaufenen Stufe der Sektkelch-Strategie eine immer größer werdende Unruhe breit. Es ist so ein Gefühl wie das der Vorfreude auf die Weihnachtsgeschenke in Kindertagen. Gleichzeitig aber auch ein Gefühl der Spannung und Ungeduld, da ich merke, dass ich einem wirklich guten Geschäft auf der Spur bin. Ich sehe das große Potenzial, das in der neuen Idee steckt, und kenne bereits die Lösung, wie ich meinen künftigen Kunden einen echten Nutzen bieten kann. Je nach Projekt wird aus den Gefühlen der Unruhe schnell eine Art »Getriebenheit«. Ich würde am liebsten sofort beginnen, damit ja kein anderer vor mir mit einer vergleichbaren Problemlösung auf den Markt kommt. Kennen Sie das auch?

Entscheidungsansätze der Lösungsvermarktung Doch nur die Ruhe. Denn auch die dritte Stufe im Innovationsprozess – die Lösungsvermarktung – bietet noch einmal genügend Möglichkeiten, sich zwischen guten und weniger guten Vermarktungsansätzen zu entscheiden. Denken Sie an das Bild des umgedrehten Sektkelchs. Auch bei der Vermarktung möchte ich Sie bitten, zunächst möglichst breit nach unterschiedlichen Ansätzen für die Vermarktung zu suchen. Hierbei kann Vermarktung bedeuten, dass Sie die Idee allein oder mit Kooperationspartnern umsetzen. Vielleicht macht es aber auch Sinn, eine Idee gar nicht selber umzusetzen, sondern die Idee direkt zu verkaufen.

Denken Sie auch wieder an den spannenden Ansatz, ein Produkt nicht zu verkaufen, sondern erfolgreich zu verschenken. Sie werden sehen, das funktioniert. Wie immer, wenn es um Vermarktung geht, stellt sich die Frage nach der Zielgruppe, nach Ansprechpartnern und nach den Möglichkeiten, die künftigen Kunden mit einem möglichst kleinen Budget über das Angebot zu informieren.

Natürlich können Sie die vorgestellten Methoden der Lösungsvermarktung auch für Ihre derzeitigen Produkte nutzen. Ja, ich möchte Sie sogar ermutigen, darüber nachzudenken, ob die bereits gewählten Vermarktungsstrategien tatsächlich den höchsten Profit versprechen.

Das Exposé – der Businessplan zur Idee

Neue Ideen müssen fast immer irgendjemandem »verkauft« werden. Egal ob es sich dabei um eine Bank, einen Investor, einen Chef, einen Kooperationspartner oder einen Käufer handelt. Um zu überprüfen, ob wirklich alle Chancen und Risiken gegeneinander abgewogen wurden, macht es meiner Meinung nach sogar Sinn, wenn Sie sich das Projekt selbst noch einmal »verkaufen«.

Die wohl größte Bedeutung bei der Vermarktung einer Idee nimmt neben den eigentlichen Verhandlungen und der Projektvorstellung das Exposé ein. Vergleichbar mit der Erstellung eines Businessplans für eine neue Geschäfsidee, werden beim Exposé sämtliche für den potenziellen Auftraggeber, Geldgeber oder Käufer relevanten Daten zusammengetragen. Die Kosten / Nutzen-Bewertung des Gegenübers wird in erster Linie auf Grundlage der Informationen aus dem Exposé getroffen.

Alle relevanten Daten zusammentragen

Um nicht erst bei der Erstellung des Exposés festzustellen, welche Schwachpunkte unsere neue Idee hat, wurden die wichtigsten Entscheidungs- und Bewertungskriterien bereits in die Auswahlformeln miteingearbeitet. Für die Auswahlformeln wurde das Exposé sozusagen »auf den Kopf gestellt«. Im Zusammenhang mit der Auswahl von Problemen und Lösungen dienten die Kriterien lediglich als Hilfsmittel. Nun sind sie Grundlage für die Vermarktung der Ideen.

> ❗ **Merke: Es gibt Menschen, die sich nicht für unsere Ideen interessieren, sondern nur für die Möglichkeit, Geld zu vermehren. Diese Menschen leben im Zwiespalt zwischen der Hoffnung auf ein gutes Geschäft und der Angst, Geld zu verlieren.**

Es muss also Ihr Ziel sein, den Interessenten mit Ihren Unterlagen zu überzeugen beziehungsweise ihm ein möglichst unwiderstehliches Angebot zu unterbreiten. Sie haben die Aufgabe, die Hoffnung zu wecken und die Angst zu vertreiben. Entsprechend detailliert, fundiert und professionell muss das Exposé aufgebaut sein.

Denken Sie bitte bei der Erstellung der Unterlagen immer daran, dass Sie in der Regel bei jedem potenziellen Auftraggeber oder Käufer nur einmal die Chance bekommen, Ihre Idee zu präsentieren.

Gründliche Auseinandersetzung und Plausibilitätscheck

Das Exposé dient Ihnen nicht nur als Verkaufsunterlage und für Gespräche mit Banken, es unterstützt Sie als Erfinder oder Erfinderteam auch bei der gründlichen Auseinandersetzung mit dem Projekt beziehungsweise der neuen Idee. Es schafft ein gemeinsames Verständnis innerhalb des Entwicklungsteams. Das Exposé untermauert die Schlüssigkeit der gesamten innovativen Idee. Die erarbeiteten Daten dienen als Grundlage bei Diskussionen sowie als Fahrplan bei der Umsetzung. Außerdem helfen sie dem Erfinder bei der Einschätzung des Ressourcenbedarfs. Ganz wichtig dabei: Überprüfen Sie die aufgeführten Zahlen und Fakten immer wieder auf Plausibilität. Nichts ist schlimmer als falsche Zahlen.

> ❗ **Merke: »Pläne sind unwichtig, aber Planen ist alles.«**
> Dwight D. Eisenhower

Aufbau des Exposés

Es gibt keine Regeln oder Vorgaben für den Aufbau eines Exposés. Bei der Erstellung sollten Sie jedoch immer die Interessen des Adressaten im Blickfeld behalten. Denken Sie dabei immer an die Hoffnung und die Angst des Lesers. Unter Umständen kann es erforderlich werden, für unterschiedliche Ansprechpartner unterschiedliche Versionen des Exposés zu erstellen.

Auf den Leser zuschneiden

Handelt es sich beispielsweise für den Interessenten um einen neu zu erschließenden Markt, steht oft der Produktnutzen im Vordergrund. Handelt es sich um einen bestehenden Markt, ist die Konkurrenzbewertung oft wichtiger.

Folgende Kerninhalte können als Basis für die Erstellung der Unterlagen dienen:

- Deckblatt / Inhaltsverzeichnis
- Zusammenfassung / Executive Summary
- Beschreibung
- Zeichnung / Darstellung
- Umweltanalyse (Chancen, Risiken, Stärken, Schwächen)
- Finanzanalyse
- Ressourcenanalyse
- Terminplan / Meilensteine
- Erfinderteam / Innovation-Group
- Vermarktungsstrategie / Marketing

Deckblatt / Inhaltsverzeichnis

Das Deckblatt sollte, wenn möglich, auf den ersten Blick erkennen lassen, um welchen Inhalt es in dem Exposé geht. Am besten ist dies natürlich durch ein schickes Bild oder eine passende Zeichnung zu erreichen. Die gestalterische Aufmachung des Deckblatts ist verantwortlich für den ersten Eindruck. Denken Sie daran, es gibt keine zweite Chance für den ersten Eindruck.

Der erste Eindruck muss stimmen

Viele Leser beginnen mit dem Inhaltsverzeichnis. Darum versuchen Sie auch hier, einen möglichst guten Eindruck zu hinterlassen. Das Inhaltsverzeichnis ist übersichtlich aufzubauen. Verwenden Sie Nummerierungen und geben Sie Seitenzahlen an.

Zusammenfassung / Executive Summary

Kurzes Dokument mit hoher Überzeugungskraft

Auf ein bis zwei Seiten werden kurz und prägnant alle für einen Endscheider relevanten Daten zusammengefasst. Die Zusammenfassung sollte den Charakter eines eigenständigen Dokuments haben. Vermeiden Sie ausführliche technische Details und Fachchinesisch. Erläutern Sie die Idee und die Geschäftschancen, nehmen Sie Stellung zur Marktsituation und zur Finanzanalyse, zeigen Sie sorgsam Risiken für den Investor auf. Stellen Sie, wenn möglich, den Return on Investment dar und treffen Sie eine Aussage, ab wann mit der Idee Geld verdient werden kann.

Die Zusammenfassung muss den Leser innerhalb von maximal fünf Minuten überzeugen können. Der Leser muss sich fragen, warum nicht schon früher jemand auf diese Idee gekommen ist. Wenn er sich diese Frage stellt, sind Sie auf einem guten Weg.

> **❗ Merke: Nachdem sie aufgespürt wurden, erscheinen viele nutzenorientierte Ideen, die mit der Sektkelch-Strategie entwickelt werden, plötzlich ganz einfach und logisch.**

Beschreibung

Ausführliche Darstellung der Vorteile

Die Beschreibung beginnt mit der Problemformulierung und dem Kundennutzen. Es folgt der Stand der Technik mit den derzeitigen Lösungsmethoden. Anschließend werden die Verbesserungen erläutert, die gleichzeitig den Nutzen der Erfindung darstellen. Schmücken Sie diesen Bereich mit allen Vorteilen aus, die Sie finden können. Stellen Sie dar, was die Erfindung alles kann. Wo liegen die Einsatzgebiete? Welche Probleme werden gelöst? Und welcher Kundennutzen wird dadurch abgedeckt?

Achten Sie darauf, dass nicht mehr beschrieben wird, als ggf. durch ein Schutzrecht aus Ihrem Patent gesichert ist. Sofern Schutzrechte oder Patente angemeldet werden sollen, kann die Beschreibung zu großen Teilen aus der gestellten Patentanmeldung übernommen werden. Allerdings sollten Sie in diesem Fall auf die vollständigen Formulierungen verzichten. Hier kann und sollte zum Beispiel ein Wasserfahrzeug als Boot oder Jacht bezeichnet werden, damit der Text verständlicher wird.

Zeichnung / Darstellung

Ein Bild sagt mehr als tausend Worte. Die Zeichnungen und Darstellungen sollten je nach Ansprechpartner aufgebaut und ausgewählt werden. Bei Ideen aus dem Dienstleistungsbereich sind vereinfachte Projekt- oder Prozesspläne oft hilfreich. Zeigen Sie, wer durch die Dienstleistung welchen Nutzen hat. Hier ein Beispiel eines Internetportals für Personaldienstleister oder Zeitarbeitsunternehmen:

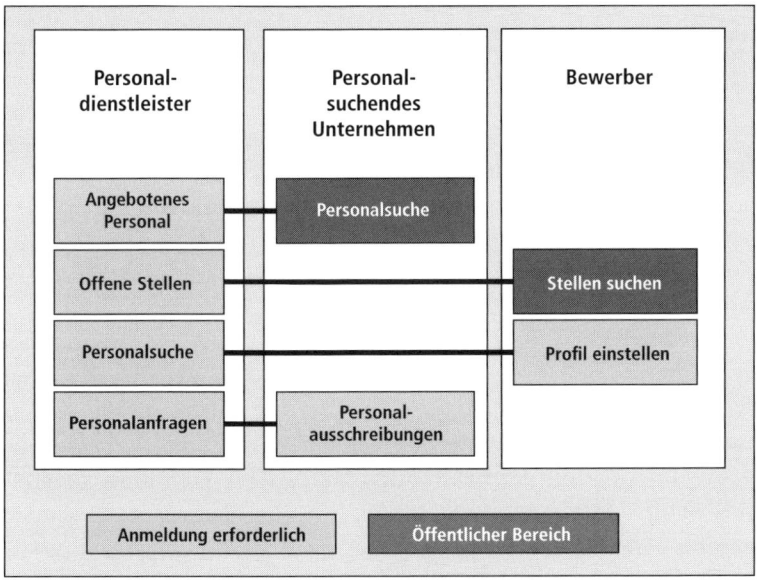

Internetportal Maluu – unsere Leistungen auf einen Blick   (Quelle: Maluu)

Bei einem technischen Produkt sollte eine technische Zeichnung verwendet werden. Handelt es sich jedoch um einen weniger technikorientierten Leser, beispielsweise um einen Designer oder Finanzexperten, so kann es sein, dass dieser mit der technischen Darstellung in drei Ansichten nicht viel anfangen kann. Dreidimensionale Darstellungen wie die folgende, die von jedem verstanden werden, eignen sich oft besser.

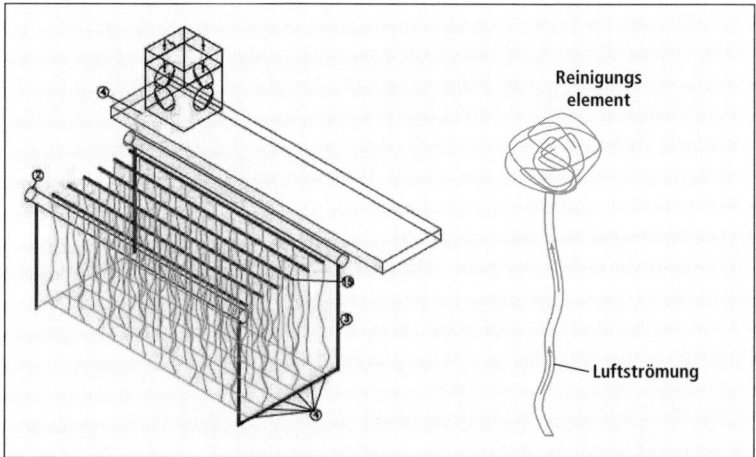

Schlauchsystem – dreidimensional dargestellt

In der Darstellung können einzelne Konstruktionsmerkmale erläutert werden. Die Darstellungen sollten aber nicht mit Informationen überladen werden.

Umweltanalyse

Fakten gründlich recherchieren Hier werden die Aussagen aus der Beschreibung beziehungsweise aus der Zusammenfassung mit Fakten untermauert. Auch hier noch mal die Anmerkung: Nichts ist schlimmer als falsche Zahlen. Um Fehler zu minimieren, sollten für die Erhebung der Daten möglichst unterschiedliche Quellen genutzt werden. Im Rahmen der Problemauswahl haben wir bereits viele der hier aufgezählten Überlegungen bearbeitet.

Folgende Bereiche sind zu beschreiben:

- *Marketing-Analyse / Erfolgswahrscheinlichkeit:*
  Wie erfahren die Kunden von unseren Ideen? Wie kann
  der Bekanntheitsgrad von unserem Produkt oder unserer
  Dienstleistung gesteigert werden? Wo wird unser Produkt
  oder unsere Dienstleistung positioniert? Welche Kunden
  sollen angesprochen werden? Wer gehört zu unserer Zielgruppe? Wer hat Zugang zu unserer Zielgruppe? Welche
  Kooperationen können geschlossen werden? Ebenso wichtig ist die Frage: Wer gehört eher nicht zu unserer Zielgruppe?

- *Marktanalyse und Marktpotenzial:*
  Welcher Markt ist vorhanden? Welche Mengen können
  abgesetzt werden? Wie wird sich der Markt entwickeln?
  Welche Kunden werden angesprochen? Werden die Kun-
  denbedürfnisse abgedeckt? Welcher Kundennutzen wird
  erfüllt? Kann der Kundennutzen quantifiziert werden?
  Welche Macht haben die Kunden, die Lieferanten und der
  Wettbewerb?

- *Gewinnspanne:*
  Welchen Nutzen bieten wir den Kunden und welcher
  Verkaufspreis ist damit durchsetzbar? Denken Sie daran,
  bei wirklich neuen Produkten, in einem Markt ohne Konkurrenz, ergibt sich der Verkaufspreis nicht aus der Kalkulation, sondern aus dem Nutzen für den Kunden.

- *Wettbewerbsanalyse:*
  Wie groß ist der Wettbewerb? Gibt es einen eindeutigen
  Marktführer? Wie kann der Wettbewerb reagieren? Worin
  ist das neue Produkt/die neue Dienstleistung dem Wettbewerb überlegen? Welche Alleinstellungsmerkmale hat
  das Produkt (billiger, bessere Qualität, attraktiveres Design
  usw.)?

- *Eintrittsbarrieren:*
  Welche Schutzrechte, Vorschriften, Zulassungen gibt es
  oder werden benötigt?

- *Risikoanalyse:*
  Welche wichtigen Risiken können sich ergeben? Gibt es
  Substitutionsprodukte (Produkte, die unsere Idee ersetzen
  können)?

Zur Erfassung der Daten können die in Kapitel 3 aufgeführten
Recherchemöglichkeiten genutzt werden. Wichtige Quellen sind
das Internet, das Statistische Bundesamt, Verbände und Exper-
tengespräche.

Finanzanalyse

Aufwand und Nutzen aufschlüsseln

Visionäre und kreative Erfinder auf der einen Seite und kauf-
männisch ausgebildete Mitarbeiter aus dem Controlling-Bereich
auf der anderen Seite haben gelegentlich eine unterschiedliche
Sicht der Dinge, wenn es um neue Ideen geht. Da sind sie wieder, die berechtigten Bedenken, Geld zu verlieren. Je besser das
Exposé die Fragen der Kaufleute beantworten kann, desto größer
die Wahrscheinlichkeit, dass diese Bedenken mit Fakten zerstreut
werden können. Genau aus diesem Grund wurde die Idee nach
dem zu erwartenden Profit ausgewählt. Die Erfolgsrechnung ergibt sich für die Kaufleute aus Nutzen minus Aufwand.

Beginnen wir mit dem Aufwand. Der Kapitalbedarf ergibt sich
aus den ...

- Entwicklungskosten: anfallende Kosten bis zum Produkt-
  start
- Investitionskosten in Produktionsanlagen (Abschreibung,
  Rückstellungen)
- Herstellungskosten für die Idee / das Produkt
- Marketingkosten
- Kapitalkosten

- Kosten für Verwaltung und Vertrieb
- sonstigen / unvorhergesehenen Kosten

Der Nutzen ergibt sich aus den zu erzielenden Umsätzen. Aus der Umweltanalyse erhält man die Annahmen für mögliche Verkaufspreise und für erreichbare Stückzahlen. Mindestens genauso wichtig wie die Frage nach dem zu erwartenden Profit ist die Frage nach dem Zeitpunkt, ab dem mit der neuen Idee Geld verdient werden kann.

Kennziffern erarbeiten

Bei der Break-even-Analyse oder Gewinnschwellenbetrachtung wird aufgrund unterschiedlicher Annahmen aufgezeigt, wie viel Zeit (Jahre) vergeht, bis der Nutzen größer ist als die Summe der Aufwendungen. Je nach Ausrichtung des Auftraggebers, Käufers oder Investors liegen die Erwartungen bezüglich der Zeitspanne bis zum Erreichen der Gewinnschwelle in sehr unterschiedlichen Größenordnungen. Üblich sind Werte zwischen drei und fünf Jahren. Die nächste wichtige Kennziffer, die es zu erarbeiten gilt, ist die Kapitalrendite, gerne abgekürzt als ROI (Return on Investment). Die Zahl gibt die Rendite des eingesetzten Kapitals an. Die Aussage der **Finanzanalyse in aller Kürze: Wir investieren 1 Euro in das Projekt. Wie lange dauert es, bis daraus 2 Euro werden, und wie sicher tritt das ein?**

Ressourcenanalyse

Bereits bei der Problemauswahl haben wir uns die Frage gestellt, ob wir über die nötigen Ressourcen verfügen, um eine Idee selber umsetzen zu können. Natürlich gibt es viele Ideen, die ein sehr hohes Potenzial bieten, für die aber auch große Ressourcen benötigt werden.

Typische Ressourcen sind:

- Finanzressourcen
- Personalressourcen
- Produktionsressourcen

- Material- und Zulieferressourcen
- Branchen-Know-how
- Zeit

Eigene Umsetzung oder Verkauf der Idee? In der Mehrzahl der Fälle wird die Sektkelch-Strategie genutzt, um eigene innovative Ideen selbst umzusetzen. Wirklich gute Ideen lassen sich aber auch durchaus verkaufen. Die Erkenntnisse aus der Ressourcenanalyse sind letztlich sowohl für die eigene Umsetzung wie auch für Einkäufer von Bedeutung. Für den Käufer einer Idee ist es wichtig, zu wissen, welche Mittel eingesetzt werden müssen und ob bei der Ressourcenanalyse mögliche Risiken beachtet wurden. Zeigen sich Engpässe für einen der Bereiche, so können an dieser Stelle mögliche Lösungen aufgezeigt werden. Eine unüberwindbare oder nicht zu erklärende Hürde würde zwangsläufig zum Killerkriterium werden.

Terminplan / Meilensteine

Projektphasen und Meilensteine aufzeigen Der Terminplan zeigt auf, in welchem zeitlichen Ablauf die Umsetzung der Idee erfolgen kann. Da der Profit normalerweise das Ziel einer Ideenumsetzung ist, sollte der Terminplan, ausgehend vom derzeitigen Stand der Entwicklung, bis mindestens zum Breakeven-Point erstellt werden. Das Projekt wird in unterschiedliche Phasen aufgegliedert. Die Entwicklungs-, Investitions-, Produktions- und Vermarktungsphase können dazu feiner unterteilt werden. Die Meilensteine signalisieren zentrale und terminkritische Ereignisse.

Beispiele für Meilensteine können sein …

- Entwicklungsbeginn und -ende
- Patenterteilung, Zulassung
- Präsentation, Übergabe
- Start der Pilotlinie, Produktionsstart, Start des Internetportals
- Markteinführung
- Zahlungs- und Vertragstermine

Es sollten nicht mehr als sieben bis neun Meilensteine im Projekt und nicht mehr als ein Meilenstein je Phase gesetzt werden.

Erfinderteam / Innovation-Group

Wer verantwortlich für die Umsetzung einer neuen Idee ist, möchte wissen, mit wem er es zu tun hat.

Das Profil des Teams bestimmt die Außenwirkung

- Durch wen wurde die Idee bislang getragen?
- Durch wen wurde das Team bislang beraten?
- Wie wurde die Entwicklung bislang finanziert?
- In welche Netzwerke ist das Erfinderteam eingebunden?

Das Profil der Innovation-Group beeinflusst die Außenwirkung und das Vertrauen der Entscheider in die Idee. Ein gutes Team, dessen Mitglieder über anerkanntes Know-how auf ihrem Gebiet und über einen gewissen Bekanntheitsgrad oder besser noch einen Expertstatus in der Branche verfügen, hebt die Nutzenvermutung und das Vertrauen beim Ansprechpartner. Einzelkämpfer haben es immer schwer, Investoren von ihrer Idee zu überzeugen, denn im Team entstehen oft bessere Lösungen. Bei der Auswahl der Partner innerhalb der Innovation-Group sollte bereits darauf geachtet werden, dass es sich um namhafte Spezialisten, Firmen oder Verbände handelt.

Vermarktungsstrategie und Marketing

Im folgenden Kapitel werden wir sehen, dass es gute und weniger gute Vermarktungsstrategien gibt. Auch hier gilt wieder: Das Bessere ist des Guten Feind. Unter Umständen ist es viel sinnvoller, eine gute Idee zu verkaufen, als sie selber umzusetzen. Potenzielle Käufer sind diejenigen, denen Ihre Umsetzung der Idee schaden würde.

Vermarktungswert der Idee

Auch die Frage nach der richtigen Vermarktungsmethode beginnt bei der Sektkelch-Strategie schon bei der Suche nach der Idee.

Bereits bei der innovationsorientierten Sensibilisierung für Signalwörter soll besonders auf Probleme und Branchen geachtet werden, die ein großes Marktpotenzial besitzen. Sowohl bei der Problemauswahl wie auch bei der Auswahl der richtigen Lösung steht die Frage, ob etwas vermarktbar ist, am Anfang: Stellt man fest, dass der Markt zu klein oder noch nicht »reif« für die Innovation ist, so wird die Idee in die Ideensammlung zurückgelegt.

Fragen zur Strategiefindung Viele Fragen, die für die Vermarktungsstrategie zu klären sind, kennen sie bereits von der Auswahlformel. Sie können die Informationen den vorangegangenen Kapiteln entnehmen und nun für die Erstellung des Exposés weiterverwenden.

Hier noch einmal die wichtigsten Fragen:

- Welche Ressourcen werden für die Umsetzung benötigt?
- Wer verfügt über solche Ressourcen? (⇒ Kooperation)
- Wer ist der Endverbraucher unserer Idee?
- Wie groß ist der Markt?
- Welche Vertriebswege gibt es?
- Wie kann die Idee bekannt gemacht werden?
- Wem würde die Idee, wenn sie in die Hände des Wettbewerbs fällt, am meisten schaden?
- Wer ist der härteste Konkurrent im Markt?
- Wer im Markt hätte den größten Nutzen?
- Wer kennt unsere Zielgruppe bereits?
- Werden die Vorbedingungen erfüllt und ist das Interesse ausreichend gegeben, um die Idee selbst umzusetzen und zu vermarkten?

Durch die Beantwortung dieser Fragen wird geklärt, welche Vermarktungsstrategien es gibt, welche davon am profitabelsten sind und welcher Weg der Vermarktung einzuschlagen ist.

Den Nutzen ableiten

Ziel der Nutzenableitung ist es, systematisch Unternehmen zu finden, die einen höheren Nutzen durch die Idee erzielen können als man selbst. Hierzu bedienen wir uns wieder der Patentrecherche, der Internetsuchmaschinen und bekannter Adressdatenbanken wie der Business-CD der Deutschen Post. Am vertrauten Beispiel der Bootsreinigungsanlage soll dies dargestellt werden.

Wer kann den höchsten Nutzen erzielen?

Als Erstes zerlegen wir das Wort Boots-reinigungs-anlage und verwenden die einzelnen Begriffe als Suchbegriffe. Daraus ergeben sich fast zwangsläufig die ersten Fragestellungen.

Suchbegriffe bilden

- *Wer beschäftigt sich mit Booten?*
  Bootshersteller
  Bootswerften
  Bootsvercharterer
  Seeschifffahrtsunternehmen
  Bootsliegeplatzvermietungen
  Bootseinzelhandel und Bootswerkstätten
  Hersteller von Bootsanhängern
  Hersteller von Bootszubehör
  usw.

- *Wer beschäftigt sich mit Reinigungsanlagen?*
  Hersteller von Reinigungsanlagen
  Hersteller von Reinigungsmitteln
  Distributoren von Reinigungsanlagen
  Reinigungsunternehmen
  usw.

- *Welche Branchen / Bereiche kommen sonst noch mit dem Problem in Kontakt?*
  Hafenanlagen
  Tankstellen für Boote
  Regattaveranstalter
  Anlagenbauer im Bereich von großen Seen
  usw.

Durch die Erweiterung der Suchbegriffe kann die Suche ausgedehnt werden. Verwenden Sie gleichbedeutende oder inhaltlich verwandte Begriffe anstelle von …

> … *Boot:* Jacht, Schiff, Wasserfahrzeug, Schwimmkörper, Unterwasser-, Rumpf usw.
> … *Reinigung:* reinig…, sauber, Pflege, Alge, Muschel, Wartung usw.

Genau wie bei der Suche nach Experten findet man auf diese Weise immer wieder interessante und nützliche Kontakte in den Patentdatenbanken. Speziell wenn es sich um wirklich neue Märkte handelt, können die Patentdatenbanken sehr hilfreich sein. Für bekannte Märkte und Branchen geht es noch einfacher.

Der Weg zu Kundenadressen

Wertvolle Ressource: Kundendaten

Nahezu alle Unternehmen besitzen ein Verzeichnis mit Kunden- und Lieferantenadressen. Der Umgang mit dieser wertvollen Ressource ist allerdings sehr, sehr unterschiedlich. Selbst bei namhaften Unternehmen sehe ich immer wieder, dass diese Informationen mehr schlecht als recht verwaltet und schon gar nicht wirklich genutzt werden. Je genauer Sie aber Ihre Zielgruppe ansprechen können, desto interessierter wird Ihre Werbebotschaft angenommen.

Trotz der Bedeutung für die Vermarktung unserer Produkte ist es nur selten ein strategisches Ziel, die Qualität und Anzahl der Kundenadressen zu erhöhen. Können Sie die folgenden Fragen für Ihr Unternehmen beantworten?

- Wie viele Kundenadressen haben Sie?
- Wie qualifiziert sind die Informationen?
- Wie viele neue Kundenadressen sind für das kommende Jahr geplant?
- Wie können Sie mit den neuen Kunden in Kontakt treten?

Es ist schwer, den Bekanntheitsgrad zu messen. Für mich ist aber klar, dass die Anzahl und die Veränderung im Bestand der Kundenadressen auch ein Maßstab für den Bekanntheitsgrad sein können.

Es gibt einfache und bekannte Wege, an die begehrten Informationen zu gelangen. Unterschiedliche Firmen haben sich darauf spezialisiert, Adressen zu verkaufen. Das Problem dabei ist einerseits die Qualität und Aktualität der Adressen und andererseits immer auch die rechtliche Frage, ob die Informationen im Rahmen der Datenschutzbestimmungen überhaupt gekauft werden dürfen. Außerdem fühlen sich viele Kontaktpersonen inzwischen durch die große Werbeflut genervt. Dennoch ist es ein gangbarer Weg, wenn man mit nutzbringenden Angeboten gezielt an potenzielle Interessenten herantritt. Alternativ zum Adressenkauf gibt es die Möglichkeit, Verlosungen und Gewinnspiele durchzuführen. Sie gehen in die Breite, treffen aber nicht immer die Zielgruppe und produzieren große Streuverluste.

Adressen einkaufen?

Wäre es nicht viel schöner, eine Möglichkeit zu finden, bei der die künftigen Kunden zu uns kommen, uns ihre Bedürfnisse mitteilen und uns ihre Kontaktdaten aus freien Stücken übergeben? – Sie glauben nicht, dass Kunden so etwas tun? Doch, mit dem richtigen Anreiz schon. Beginnen wir aber mit den bekannten Wegen.

Branchenbücher

Der Vorteil von Branchenbüchern ist, wie der Name schon sagt, dass sie bereits nach Branchen sortiert sind. *Wer liefert was* oder die *Gelben Seiten* können uns als Kontaktbörse zu Personen, Organisationen und Unternehmen mit dem von uns benötigten Knowhow dienen. Speziell bei der Vermarktung unserer Ideen finden sich hier immer wieder interessante Kontakte zu potenziellen Ideennutzern und Kooperationspartnern.

Ideennutzer und Kooperations-partner finden

Business-CD der Deutschen Post

Detailsuche in Millionen Adressen Noch detaillierter kann in der Business-CD der Deutschen Post nach Unternehmen und Kontakten gesucht werden. Die Business-CD bietet Zugriff auf rund 5,3 Millionen aktuelle Business-Adressen in Deutschland, Österreich und der Schweiz. Schnell und einfach hat man alle relevanten Adressen und Telefonnummern sowie viele E-Mail- und Internet-Adressen auf dem Bildschirm. Durch Suchfunktionen hat man die Möglichkeit, systematisch nach Branchen und Regionen zu selektieren. Sie können auch gezielt nach den Kontaktdaten suchen, bei denen eine E-Mail-Adresse oder ein Entscheider hinterlegt sind. Die Adressen sind in Programme wie Excel exportierbar und können von dort weiterverarbeitet werden. Alle Adressen können auf der CD kostenlos eingesehen werden. Der Export der Daten ist kostenpflichtig. Pro Adresse müssen Sie, je nach Anzahl der Adressen, mit einer Investition von bis zu 0,50 Euro rechnen.

Beispielsweise konnte so für die Bootsreinigungsanlage gezielt nach potenziellen Betreibern gesucht werden. In den Adressdatenbanken wurden über 2600 hochwertige Adressen erkannt.

Die folgende Anzahl von Kontaktdaten wurde ausgewählt:

Tankstellengesellschaften:	36 (Multiplikatoren)
Seeschifffahrtsunternehmen:	114
Bootsliegeplatzvermietungen:	167
Bootsvermietungen:	1266
Bootswerften und Bootshersteller:	575
Bootseinzelhandel und Bootswerkstätten:	447

Soziale Netzwerke im Web

Kontakte virtuell knüpfen Die Welt ist ein Dorf und jeder kennt jeden über sechs Ecken. Genau das ist der Ansatz der globalen Networking-Plattform für Geschäftsleute »XING«, die sich bis November 2006 Open Business Club nannte. Das Unternehmen wurde im Jahr 2003 gegründet und hatte fünf Jahre später bereits rund 5,7 Millionen

Mitglieder. Die Mitglieder sind reale Personen, die darüber ihre geschäftlichen Kontakte zu anderen Personen verwalten können. Über die Funktion »Ich suche« können die eigenen Bedürfnisse im Netzwerk angefragt werden. Über »Ich biete« kann man die eigenen Fähigkeiten, Kontakte, Dienstleistungen oder eventuell auch Produkte vorstellen. XING bietet viel für Ihre geschäftlichen Kontakte:

- Finden Sie neue Vertriebskanäle, Mitarbeiter und Jobs.
- Finden Sie schnell die richtigen Entscheidungsträger.
- Erreichen Sie Ansprechpartner Tausender Unternehmen.

Für 5,95 Euro im Monat wird man zum Premiummitglied und kann alle Suchfunktionen nutzen. Die Adressen werden durch die Mitglieder selber gepflegt und auf dem aktuellen Stand gehalten.

Verbände und Vereinigungen

Allein in Deutschland gibt es über 60 000 unterschiedliche Verbände und Vereinigungen zu fast allen Arbeitsgebieten und Lebenslagen. Darunter rund 350 Industrieverbände in den unterschiedlichsten Branchen. Aber auch für Bereiche wie Freizeit, Gesundheit, Familie haben sich Interessengemeinschaften gebildet. Normalerweise verfügen diese Vereine über ein Mitgliederverzeichnis. Teilweise werden die Kontaktdaten der Mitglieder sogar zum Downloaden im Internet zur Verfügung gestellt.

In welcher Interessengemeinschaft findet sich Ihre Zielgruppe?

In welcher Interessengemeinschaft könnte sich Ihre Zielgruppe zusammengeschlossen haben? Welcher Verband könnte Ihnen als Multiplikator zu dieser Zielgruppe dienen? Überlegen Sie bitte auch, was Sie der Organisation anbieten können, damit Sie ein interessanter Partner sind.

Verbände als Multiplikatoren

Begeben wir uns doch kurz zusammen auf die Problemsuche. Verbände und Vereinigungen möchten und müssen ihren Mitgliedern einen Mehrwert bieten. Lösen Sie dieses Problem. Tauschen

Sie Ihr Know-how gegen den Zugang zur Zielgruppe. Eine Möglichkeit wäre ein Vortrag zu Ihrem Thema, zu dem der Verband seine Mitglieder einladen kann. Noch besser sind Verbandstagungen, da hier die Beteiligung der Mitglieder höher ist.

Vorträge

Per Infotainment informieren

Über die Gestaltung eines Vortrags müsste man ein separates Buch schreiben. An dieser Stelle nur so viel: Denken Sie bitte daran, dass ein Vortrag unterhaltend, motivierend und informativ sein soll – und zwar in dieser Reihenfolge. Ich bezeichne das als Infotainment. Transportieren Sie Informationen mit Witz, Charme und guten Analogien. Es hilft niemandem, wenn Sie es in 60 Minuten geschafft haben, die Zuhörer mit vielen Informationen in den Schlaf zu treiben. Sie können an den Reaktionen der Zuhörer erkennen, wie hoch Ihr Unterhaltungswert ist. Es ist kein gutes Zeichen, wenn die Teilnehmer ständig auf die Uhr schauen. Schlimm wird es, wenn die Ersten beginnen, gegen die Uhr zu klopfen, und überprüfen, ob das Chronometer überhaupt noch läuft.

Da es nicht jedermanns Sache ist, selbst auf der Bühne zu stehen und vor 500 Zuhörern einen Vortrag zu halten, können Sie eine Veranstaltung zu Ihrem Thema organisieren und sich über eine Redneragentur einen professionellen Redner buchen.

Kontaktdaten per Visitenkarte generieren

Mit meinem Thema »Innovation und Differenzierung« – das passt zu jedem Unternehmen und allen Branchen – bin ich immer wieder als Referent auf Verbandstagungen eingeladen. Nehmen wir an, es ist die Verbandstagung der Druckindustrie. Dann sitzen im Publikum vorwiegend Inhaber und Geschäftsführer von Druckereien. Während des Vortrags gebe ich konkrete Beispiele, wie Druckereien Wege in Märkte ohne Konkurrenz finden können, und versäume es nicht, den Hinweis zu geben, dass es noch weitere spannende Ansätze gibt. Am Ende des Vortrags biete ich den Zuhörern an, mir einfach eine Visitenkarte mit dem zutreffenden »VIP-Kürzel« auf ihrem Platz liegen zu lassen:

»V« bedeutet Interesse an diesem **V**ortrag für das eigene Unternehmen,

»I« steht für die Bitte um weitere **I**nformationen und

»P« für die **P**räsentationsunterlagen per E-Mail.

Sie können sich vorstellen, dass viele der Inhaber natürlich gern wissen möchten, welche weiteren Differenzierungsmöglichkeiten es sonst noch für Druckereien gibt. Durch die Visitenkarten, die Sie auf diese Weise generieren, gelangen Sie an qualifizierte Kontaktdaten. Mithilfe der Kürzel-Methode lassen Sie sich zusätzlich mitteilen, für welches Ihrer Themengebiete sich der Zuhörer interessiert.

Weiterempfehlung

Wenn Sie gute Arbeit leisten, dann spricht sich das von alleine herum. Stimmt. Sie können die Weiterempfehlungen durch Ihre Kunden aber auch zusätzlich beschleunigen, indem Sie nicht warten, bis es von alleine geschieht, sondern aktiv daran arbeiten.

Es gibt ganz unterschiedliche Arten der Weiterempfehlung. Verkaufspartys für Kunststoffschüsseln oder freche Unterwäsche könnten ein Beispiel sein. Bei einem Gewinnspiel eines bekannten Reifenherstellers konnten die Teilnehmer mit jeder Weiterempfehlung an einen Freund die eigenen Gewinnchancen verbessern. Dazu musste der Freund lediglich über das System per E-Mail angeschrieben werden.

Ganz typisch sind Weiterempfehlungssysteme auf der Basis »Kunden werben Kunden für ein Geschenk« oder die zeitlich begrenzte, kostenlose Nutzung des Angebots. Ein gutes Beispiel hierfür ist wieder das Portal XING, mit dem wir uns ja schon beschäftigt haben. Meldet sich der empfohlene Freund im System an, so kann der Empfehler das Portal für einen Monat kostenlos nutzen.

Top: von Freunden empfohlen

Ich kenne einen Malerbetrieb, bei dem der Kunde mit der Abnahme der Baustelle gefragt wird, ob er mit der erbrachten Leistung

vollständig zufrieden ist und ob er das Unternehmen weiterempfehlen würde. Vorausgesetzt, der Kunde ist zufrieden, erhält er
zehn bereits frankierte Grußkarten, mit denen er seine Freunde
in die frisch renovierten Räumlichkeiten einladen kann. Auf der
witzig gestalteten Karte ist zu lesen: »Wir sind fertig mit Renovie-
ren und können jetzt wieder Besuch empfangen. Schaut doch mal
vorbei.« Auch ich wurde zusammen mit meiner Frau von Freunden eingeladen, die uns ihr wirklich pfiffig gestaltetes Wohnzim-
mer präsentierten. Meine Frau war begeistert und wollte sofort
wissen, wer das umgesetzt hat. Schon bei der Frage war mir klar,
was kommen würde. Sie können sich vielleicht vorstellen, worü-
ber wir auf der Heimfahrt gesprochen haben. Bereits eine Woche
später zeigte mir meine Frau das Angebot für unser neues Wohn-
zimmer.

! **Merke: Auch die beste Werbung verliert gegen**
die Empfehlung eines Freundes.

Große Wirkung mit kleinem Marketingbudget

**Bekanntheit
teuer erkaufen?** Egal ob Produkt, Dienstleistung oder neue Geschäftsidee, immer
stehen wir vor der Aufgabe, unser Angebot zu vermarkten. Dazu
müssen wir es bei der Zielgruppe bekannt machen. Wir sind also
wieder bei meinem Lieblingsthema, dem Bekanntheitsgrad.

Nach Angaben des Zentralverbands der deutschen Werbewirt-
schaft wurden in Deutschland im Jahr 2006 über 20 Milliarden
Euro für Werbung ausgegeben. Die beliebtesten Werbeträger, ge-
messen an den Netto-Werbeeinnahmen, sind nach wie vor das
Fernsehen, Tageszeitungen und die Werbung per Post. Auch das
Internet gewinnt schnell an Bedeutung. Der Online-Werbemarkt
expandiert mit Zuwachsraten um die 50 Prozent pro Jahr.

Speziell im Zusammenhang mit Werbung und Bekanntheitsgrad
zeigt sich immer wieder, dass gute und innovative Ideen gefragt
sind. Werbung muss nicht immer teuer sein.

❗ Merke: Pfiffige Idee schlägt hohes Budget.

Natürlich unterscheidet sich die Werbung für Konsumgüter, Investitionsgüter, Dienstleistungen und für die Vermarktung von neuen Geschäftsideen. Trotzdem möchte ich versuchen, Ihnen einige Anregungen zu geben, wie man auch mit einem kleinen Marketing-Budget eine große Wirkung erreichen kann.

Guerilla-Marketing

Der Begriff Guerilla-Marketing wurde Mitte der 1980er-Jahre von Jay Conrad Levinson geprägt und bezeichnet die gezielte Auswahl von besonderen Marketingaktionen, die mit einem außergewöhnlich geringen Aufwand eine bewundernswert hohe Aufmerksamkeit erzielen.

Mit Aktionen zum Thema werden

Cash oder Crash   (Quelle: YOC AG)

Gern wird die Aktion »Cash oder Crash« zum Firmenstart des Marketingunternehmens YOC AG im Jahr 2001 als »Mutter der Guerilla-Marketing-Aktionen in Deutschland« bezeichnet. Per SMS konnten Handybesitzer über das Schicksal eines Porsche 911 abstimmen. Zur Wahl stand die Gewinnmöglichkeit oder der »Freiflug« für den Porsche. Der Traumwagen wurde mit einem Autokran über dem Potsdamer Platz aufgehängt. Das Medieninteresse war gigantisch. Film, Funk und viele große Printmedien berichteten über das Ereignis. Jeder wollte wissen, wie die Abstimmung ausgehen würde.

Crash per Abstimmung Es lief nicht wirklich gut für den Porsche und so stürzte das Auto 50 Meter in die Tiefe. Für den 911er war es eine Bruchlandung, für das Unternehmen durch die überwältigende Berichterstattung eher ein Höhenflug. Nach eigenen Angaben gehört das Unternehmen heute zu den führenden Anbietern für das Mobile Marketing via Handy in Europa.

Werbung aus dem Radarkasten Einen ganz anderen Weg wählte das Fotolabor Fixfoto.de, um seine Werbung kostengünstig verteilen zu lassen. Direkt im Erfassungsbereich einer Geschwindigkeitsüberwachungsanlage platzierte das Unternehmen ein Werbeplakat mit dem Aufdruck »Günstigere Fotos – 0,09 € – Fotofix.de«. So wurde das Beweisfoto auf dem Strafzettel zum Werbeträger. Und es stimmt – es gibt wirklich günstigere Fotos als die aus dem Radarkasten. Außer bei den Verkehrssündern fand die Idee unter anderem im Jahrbuch 2005 des Art Directors Club für Deutschland (ADC) als gelungene Marketingaktion Beachtung.

Der Yeti in Köln Den Yeti soll es ja wirklich geben, dachten sich die kreativen Köpfe bei der Airline Condor.com. Während der führenden Touristikmesse, des FVW-Kongresses 2004 in Köln, lautete das Motto »Der Yeti zu Besuch in Köln«. Rings um das Messegelände und in der Innenstadt von Köln wurden über Nacht große Yeti-Fußabdrücke aus Kunstschnee aufgesprüht. Darauf stand geschrieben: »Sprayen und abhauen! Kurzfliegen ab 29 € – www.condor.com«. Das Unternehmen hatte bei der Planung der Kampagne Reinigungskosten oder Ordnungsgelder bereits mit einkalkuliert. Die Aktion hatte jedoch keinerlei zusätzliche Kosten oder rechtliche »Nachwehen« zur Folge. Dafür war das Ergebnis umso besser. Sowohl auf der Messe wie auch in den berichterstattenden Medien war die Aktion ein Thema und damit ein voller Erfolg.

Ein Freund von mir hat eine Pizzeria und wollte wissen, was er aktiv für mehr Bekanntheit und Kunden tun könne. Ich klebte ihm eine leere Pizzaschachtel auf sein Autodach und ließ ihn so durch die Stadt fahren. Jeder, der das Fahrzeug sah, dachte sofort: »Oh, der arme Kerl hat beim Einsteigen aus Versehen seine Pizza auf dem Autodach stehen lassen!« Auf unterschiedlichste Art und Weise wurde der Wagen durch aufmerksame Mitmenschen gestoppt. Jeder »Retter« wurde mit einem Getränkegutschein für das Restaurant belohnt. Die ganze Werbekampagne kostete nur ein paar Euro und verursachte so gut wie keinen Aufwand. Dank der Getränkegutscheine war »der Laden« voll. **Gutscheine für die Retter**

Sie wissen, dass ich dafür plädiere, gute Ideen abzuleiten und an unsere Bedürfnisse anzupassen. Die Idee mit der Pizzaschachtel findet ihren Ursprung bei der Starbucks Coffee Company, die in San Francisco mit einem festgeklebten Kaffeebecher Werbung machte.

Tipp: **Lassen Sie sich durch fantasievolle Ideen inspirieren.**

Virales Marketing

Unter dem Begriff »virale Werbung« versteht man Werbung, die andere »ansteckt«. Einmal losgelassen, verbreitet sich die Werbebotschaft wie ein Virus. Es funktioniert wie bei den Kettenbriefen, die damit enden, dass man diese Nachricht an drei Freunde schicken soll, oder bei den lustigen E-Mails, die einen so begeistern, dass man sie an alle Freunde und Kollegen weiterleitet. **Ansteckend wie ein Virus**

Die Übergänge zwischen Weiterempfehlung, Guerilla-Marketing-Aktionen und viraler Werbung können oft fließend sein.

Schwarzer Humor begeistert

Ein Beispiel zu viralem Marketing kennen Sie bereits aus Kapitel 1 zum Thema Differenzierung. Es ist das Plakat eines Bestattungsunternehmens, auf dem zu lesen ist: »Kommen Sie doch näher.« So gesehen noch nicht lustig. Der Umstand, dass zwischen dem Plakat und dem Betrachter allerdings die Bahngleise verlaufen, sorgte dafür, dass sich dieses Bild in Windeseile im Internet verbreitete.

Weitere Ansätze zum Thema Bekanntheitsgrad

Bekanntheit durch Weiterempfehlung

Niklas Zennström und Janus Friis gründeten 2001 die Internet-Tauschbörse KaZaA und 2003 das Unternehmen Skype. Über die angebotene Software konnten mithilfe von KaZaA zum Beispiel Musiktitel kostenlos getauscht werden. Skype ermöglicht die kostenlose Telefonie über das Internet. Verbreitet und bekannt wurden beide Geschäftsideen jeweils durch die Weiterempfehlung der Nutzer. Eine typische Frage von Skype-Nutzern an zahlende Telefonkunden lautet: »Kennst du Skype? Darüber können wir kostenlos telefonieren.«

Stellt sich die Frage, womit die Betreiber von Skype dann ihr Geld verdienen. Im Fall der Gründer ist das einfach zu beantworten. Skype wurde im September 2005 für 3,3 Milliarden US-Dollar an eBay verkauft. Inzwischen tritt Skype auch als Wettbewerber zu den Telefongesellschaften auf und bietet kostenpflichtige Dienste wie das weltweite Telefonieren vom Internet ins Festnetz an. Im Jahr 2007 präsentierte das Unternehmen sogar ein eigenes Handy mit Skype-Taste.

Platzierung als Szenegetränk

Die biologische Limonade der Privatbrauerei Peter aus Ostheim in Franken wird Ihnen unter der Bezeichnung Bionade bestimmt schon begegnet sein. Bei diesem Produkt half auch der Virus-Effekt, um aus dem Teufelskreis »Kein Geld – keine Werbung – kein Marktzugang« auszubrechen.

Seinen Siegeszug begonnen hat das Erfrischungsgetränk als Szenegetränk in Hamburg. Wurden im Jahr 2004 noch 7 Millionen Flaschen abgefüllt, so waren es im Jahr 2006 bereits 70 Millionen Flaschen. Der Absatz hatte sich innerhalb von nur zwei Jahren verzehnfacht. Einer der Gründe dafür war der gestiegene Bekanntheitsgrad durch bekannte Partner. Seit Ende 2006 kann man die Limonade auch im Speisewagen der Deutschen Bahn bekommen und Coca-Cola vertreibt Bionade als Handelsware über sein riesiges Vertriebsnetz. Seit 2007 gibt es Bionade auch im McCafé von McDonald's. Im Jahr 2007 wurden bereits 200 Millionen Flaschen abgefüllt. Der Bekanntheitsgrad steigt durch die Multiplikatoren rasant und damit auch der Absatz.

! Merke: Nutzen Sie den Bekanntheitsgrad anderer.

Um mit einem kleinen Budget den Bekanntheitsgrad zu steigern, geht es letztendlich darum, die Medien dazu zu bringen, über Sie zu berichten oder Menschen so zu begeistern, dass sie Sie an ihre Freunde weiterempfehlen. Die Suche nach kreativen Ideen, wie der Bekanntheitsgrad gesteigert werden kann, ist übrigens wieder eine wunderbare Gelegenheit, möglichst viele Mitarbeiter am Innovationsprozess teilhaben zu lassen. Veranstaltung Sie einen kleinen Workshop zum Thema Bekanntheitsgrad mit den folgenden Aufgabenstellungen:

Workshop Bekanntheitsgrad

- Wie können wir die Aufmerksamkeit der Medien und der Leute erregen?
- Welche Mittel und Anreize können wir zur Verfügung stellen, damit die Kunden unser Angebot und unsere Informationen weiterempfehlen oder verbreiten?
- Wie können wir den Bekanntheitsgrad anderer nutzen?

Hier ein paar typische Beispiele, bei denen Sie mit hoher Ansteckungsgefahr rechnen dürfen:

Hohe Ansteckungsgefahr

- Witzige Filmchen, spaßige Bilder und Präsentationen oder drollige Sprüche zum Weiterschicken

- Kostenlose Nutzung der Angebote (siehe hierzu auch das Kapitel: »Das eigene Produkt erfolgreich verschenken«)
- Den Bekanntheitsgrad anderer nutzen (Multiplikatoren, Medien, bekannte Persönlichkeiten oder Marken)
- Kostenlose Downloads

Geringere Ansteckungsgefahr ist zu erwarten bei folgenden Grundideen. Dafür braucht es allerdings auch nicht so viel »Hirnschmalz« bei der Entwicklung der Kampagne.

- Prämien, Geschenkgutscheine, Gewinnspiele
- Gästebücher
- Aufforderung zur Weiterempfehlung

Nutzen Sie im Workshop zusätzlich die im Kapitel 4 vorgestellten Kreativitätsmethoden wie zum Beispiel die Kopfstandtechnik, um die Aufgabenstellungen zu lösen. Es ist immer wieder begeisternd, mit welchem Engagement Mitarbeiter speziell an diesen Workshops teilnehmen.

Erfolgsmagnet Kooperation

Ich nenne Kooperationen gern Business-Beschleuniger. Niemand kann alle Dinge perfekt tun. Es gibt unendlich viele Aufgaben, die andere einfach besser beherrschen als wir selbst. Profitieren Sie von den Dingen, die andere haben und die Sie brauchen. Zusammen mit Partnern haben Sie die Möglichkeit, schneller erfolgreich zu werden. Daher auch der Begriff Business-Beschleuniger.

Wer kann was am besten? Die Vorzüge von anderen zu »nutzen« darf dabei aber nicht zum »Ausnutzen« werden, sonst geht die Sache ganz bestimmt nach hinten los und die Kooperation scheitert. Das bedeutet: Wenn Sie etwas haben wollen, müssen Sie auch etwas anbieten können, mit dem Sie den Kooperationspartner für die Zusammenarbeit gewinnen können. Es ist letzten Endes eine Art Tauschgeschäft. Kooperationen können überall entstehen. In allen Unternehmensbereichen, bei allen Unternehmensgrößen und über alle Branchen hinweg. Sie haben die Möglichkeit, sich mit einem oder mit mehreren Partnern kurz- oder langfristig zusammenzutun. Manchmal entstehen durch Kooperationen Gemeinschaftsunternehmen, in anderen Fällen gibt es nur ein auf Vertrauen beruhendes »Gentlemen's Agreement«.

Ich bekomme immer wieder zu hören, dass Kooperationen doch mehr etwas für die Großen seien. Ganz im Gegenteil bin ich der Meinung, dass sich Kooperationen besonders für flexible mittelständische Unternehmen eignen. Der Unterschied ist nur, dass »die Großen« es machen und sogar ganz gezielt nach strategischen Partnern und Allianzen suchen.

In allen Unternehmensgrößen umsetzbar

Vor Kurzem wurde ich von einer Airline angesprochen, ob ich Interesse an einer Kooperation hätte. Das Unternehmen war auf der Suche nach einem Vortragsredner. Anstelle eines Honorars wurde mir der »Zugang« zu einer attraktiven Zielgruppe angeboten. In einem Flugzeug sitzen viele Geschäftsleute – also genau meine Zielgruppe. Meinem Gesprächspartner war klar, dass es interessant für mich ist, bei seinen Kunden bekannt zu werden. Sein Angebot lautete also: »Tausche kostenlose Werbung gegen kostenlosen Vortrag.« Eine ganz einfache Art der Zusammenarbeit zum gemeinsamen Nutzen.

Gerade als ich dabei war, diesen Absatz zu schreiben, erhielt ich eine E-Mail von Miles & More der Lufthansa, in der zu lesen war: »Schließen Sie einen T-Mobile-Neuvertrag ab und freuen Sie sich über 5000 Prämienmeilen.« Sie merken: Genau die gleiche Idee.

Bei der Auswahl der richtigen Vermarktungsstrategie für die Bootsreinigungsanlage zeigte sich beispielsweise schnell, dass es deutlich profitabler ist, die Anlagen gemeinsam mit Partnern zu betreiben, als die Reinigungsanlage selbst zu bauen und sie zu verkaufen. Der Markt für den Verkauf von Reinigungsanlagen wurde als zu klein bewertet. Die Kooperation gestaltet sich folgendermaßen: Der Anlagenbauer errichtet, installiert und wartet die Anlage. Der Betreiber, zum Beispiel eine Seetankstelle, bie-

Marktzugang per Kooperation

tet den Kundenzugang und betreibt die Anlage. Die Einnahmen aus Reinigungsaufträgen werden in einem bestimmten Verhältnis zwischen Anlagenbauer und Betreiber aufgeteilt.

Empfehlungs-kooperationen Von der Kooperationsidee mit der gemeinsamen Zeitungseinlage »Die Top-10-Anbieter der XY-Branche« habe ich Ihnen ja schon in Kapitel 1 erzählt. Ein weiterer Ansatz, der von fast jedem ganz einfach genutzt werden kann, ist die gegenseitige Empfehlung. Bauknecht empfiehlt bei seinen Geschirrspülern die Verwendung von Calgonit. Auf der Calgonit-Packung und auf der Internetseite von Calgonit finden Sie dafür den Hinweis: »Calgonit wird von führenden Spülmaschinen-Herstellern empfohlen« – darunter natürlich auch der führende Hersteller Bauknecht. Empfehlungs-kooperationen funktionieren überall. Der Installateur empfiehlt den Elektriker, der Hotelbesitzer die am Bau beteiligten Handwerker und das Kino um die Ecke. Das Autohaus die Werkstatt oder den Reifenservice. Wunderbar kombinieren können Sie die Empfehlung natürlich mit kleinen gegenseitigen Gutscheinen oder Prämien.

Das geht auch witzig, dachte sich der Automobilbauer aus München. Kennen Sie die BMW-Werbung mit dem Autotransporter

»Auch ein Mercedes kann Fahrfreude bringen.« (Quelle: BMW)

von Mercedes, unter dem zu lesen ist »Auch ein Mercedes kann Fahrfreude bringen«?

Da BMW keine Nutzfahrzeuge baut, liegt die Vermutung nahe, dass es sich bei dieser Werbung um eine Kooperation im Marketingbereich gehandelt haben könnte. Sie sehen, es ist sogar möglich, mit der direkten Konkurrenz in Kooperation zu gehen. Noch deutlicher wird das bei gemeinsamen Forschungs- und Entwicklungsprojekten oder dem Aufbau von gemeinschaftlich genutzten Produktionsstätten. Überlegen Sie doch gleich einmal, wen Sie mit gutem Gewissen empfehlen können und wer das Gleiche von Ihnen behaupten würde. Es gibt übrigens Organisationen für gegenseitige Geschäftsempfehlungen, wie den BNI (Business Network International), über die Sie Zugang zu einem bereits bestehenden Weiterempfehlungsnetzwerk aufbauen können.

Kooperation mit der direkten Konkurrenz

Anschließend machen Sie sich bitte Gedanken, wie Sie Ihr Business beschleunigen können. Gehen Sie die Fragen der Reihe nach durch. Fragen zu Kooperationen:

1. Was brauche ich?
2. Wer ist Experte für mein Bedürfnis?
3. Wer kennt meine Zielgruppe?
4. Wer kann mich weiterempfehlen?
5. Welche Probleme / Wünsche / Bedürfnisse hat derjenige?
6. Was braucht derjenige (sonst noch)?
7. Wie können wir demjenigen helfen?
8. Welchen gemeinsamen Nutzen können wir aus einer Zusammenarbeit ziehen?

Speziell aus der Frage Nummer fünf, sechs und sieben entstehen immer wieder faszinierende Ideen. Manchmal kann unser Produkt oder unsere Dienstleistung für andere so interessant sein, dass wir durch den Sekundärnutzen, also den Nutzen neben dem Nutzen, unser Angebot noch viel profitabler vermarkten können und es zum Teil sogar Sinn macht, unser eigentliches Produkt zu verschenken.

Das eigene Produkt erfolgreich verschenken

Realistisch prüfen lohnt sich Wir kommen zu einem Thema, das immer für lebhafte Diskussionen sorgt. Wenn ich damit beginne und die Frage stelle: »Haben Sie schon einmal darüber nachgedacht, Ihr Produkt künftig einfach zu verschenken?«, sind die Reaktionen sehr unterschiedlich. Von mitleidigen Blicken über Entsetzen und Kopfschütteln bis hin zu schallendem Gelächter ist alles dabei. Aber die Sache ist mir wirklich ernst. Natürlich kann dieser Ansatz nicht für alle passen, aber es macht zumindest Sinn, einmal darüber nachzudenken. Und sei es nur, um das Risiko einzuschätzen, ob ein anderer eventuell Ihr Produkt verschenken kann. Sehen Sie sich dazu die folgenden Beispiele an.

Viele kostenlose Angebote im Internet Nehmen Sie bekannte Produkte wie den Duden, Wörterbücher von Langenscheidt oder Meyers Atlanten. All diese Informationen finden Sie mittlerweile auch kostenlos im Internet. Mit Google Earth können Sie am Rechner um die Welt fliegen und aus der Vogelperspektive in den eigenen Vorgarten schauen. Leo.de bietet inzwischen unentgeltliche Wörterbücher im Netz für Englisch, Französisch, Spanisch, Italienisch und Chinesisch an. Die freie Enzyklopädie Wikipedia soll zu einem weltweiten Lexikon ausgebaut werden und jeder kann mit seinem Wissen zum Aufbau beitragen. Über Skype können Sie kostenlos telefonieren und unter kostenlos.de finden Sie eine kostenlose Zusammenfassung aller kostenlosen Angebote!

Aber nicht nur im Internet werden Produkte verschenkt. Denken Sie an das Beispiel mit dem Anzeigenmarkt für Autos aus Kapitel 2. Alle Privatsender sind kostenlos zu hören und zu sehen. Sogar fliegen kann man schon umsonst. Im Sommer 2008 fand ich eine Werbeaktion von Ryanair, bei der mit 300 000 kostenlosen Flugtickets geworben wurde. Wohlgemerkt inklusive Steuern und Gebühren – also ganz »für umme«. Können Sie sich noch an die Zeit erinnern, in der Flugzeug fliegen grundsätzlich teurer war als Taxi fahren? Wo wären die Preise für Flugtickets heute, wenn es nicht mit Billigfluglinien möglich wäre, zu Spottpreisen – ja teilweise sogar gratis – zu fliegen?

Das Spannende an der Sache ist: Im Prinzip kann jedes Produkt und jede Dienstleistung und jede Geschäftsidee einen sekundären Nutzen bieten. Dadurch kann das primäre Produkt »erfolgreich« verschenkt werden. Der sekundäre Nutzen sorgt für den Ertrag.

Der Nutzen neben dem Nutzen verdient das Geld

Das japanische Unternehmen Apex stattet seit dem Jahr 2007 seine Getränkeautomaten mit einem Bildschirm aus, über den kurze Werbespots eingeblendet werden. Den Kaffee oder die Cola gibt es an den Automaten kostenlos. Bezahlt werden die Getränke von den Unternehmen, die für sich werben.

Auch durch Kooperationen kann es dazu kommen, dass Produkte oder Dienstleistungen »verschenkt« werden. Bekanntestes Beispiel sind die kostenlosen Handys beim Abschluss eines Handyvertrags. Die Gründe, warum Produkte verschenkt werden, können, genau wie die Produkte selber, sehr unterschiedlich sein. Die Idee dahinter ist aber immer dieselbe. Es geht stets um den Nutzen neben dem Nutzen. Am häufigsten anzutreffen sind dabei die Werbung, der Bekanntheitsgrad und eine möglichst hohe Marktdurchdringung.

Werbung und Marktdurchdringung als Sekundärnutzen

Ich hatte Ihnen erzählt, dass die Reaktionen sehr unterschiedlich sind, wenn ich mit diesem Thema beginne. Umso einheitlicher ist dafür die zustimmende und teilweise nachdenkliche Haltung, wenn das Thema abgeschlossen ist.

Denken auch Sie einmal darüber nach, wie Sie einen Sekundärnutzen für oder mit Ihrem Produkt erzielen können.

Das Problem haben stets die Unternehmen, die sich nicht darauf einrichten, den Nutzen neben dem Nutzen zu suchen. Wie soll man mit einem anderen Unternehmen in Wettbewerb treten, wenn der »Gegner« noch nicht einmal Geld für das Produkt verlangt?

Stellen Sie sich folgende Fragen:

- Wer interessiert sich für meine Kunden?
- Was würde geschehen, wenn wir unser Produkt oder einen Teil unseres Angebots verschenken? (Sie würden zum Beispiel zum Marktführer.)
- Welcher Nutzen würde sich daraus für Sie oder für andere ergeben?
- Welches Produkt können Sie in Ihrer Zielgruppe verschenken, um damit Ihr eigenes Angebot zu stärken?

! Merke: Verschenken macht Spaß, erfolgreich verschenken macht auch noch Sinn.

Ich möchte dieses Kapitel mit einer amüsanten Idee für Ihre Freunde abschließen: Gehen Sie dazu bitte auf den folgenden Link: **www.RuedigerKohl.com/Sektkelchstrategie/Freunde**

6. Jetzt sind Sie dran!

Sie wissen nun, wie Sie nutzenorientierte Ideen finden, wie Sie Probleme lösen und wie sie die Ideen bekannt machen beziehungsweise vermarkten können. Nun kommt der schwierigste Teil, nämlich die Suche nach Menschen, die Innovationen initiieren können und die auch bereit sind, es aus eigenem Antrieb zu tun.

! Merke: **Kluge Menschen, die wissen, wie man etwas löst,**
werden gebraucht, um Innovationen umzusetzen.
Kluge Menschen, die nicht zuerst darüber nachdenken,
wie man etwas löst, werden gebraucht, um Innovationen
zu initiieren.

Im folgenden Kapitel möchte ich Ihnen zeigen, wie Sie es schaffen, künftig mehr Zeit für die Entwicklung von innovativen Ideen und Differenzierungsmöglichkeiten zu finden. Sie erfahren, wie Sie die Erfolgswahrscheinlichkeit erhöhen können. Ich möchte Ihnen vorführen, dass es wichtig ist, sich klar zu positionieren. Sonst kann es leicht passieren, dass faule Kompromisse mit echter Differenzierung verwechselt werden. Ich möchte Ihnen beweisen, dass Innovationen in erster Linie an der Angst, sich zu blamieren, scheitern. Sie werden sehen, warum Sie diese Angst künftig nicht mehr zu haben brauchen.

Echte Differenzierung statt fauler Kompromisse

Gleichzeitig möchte ich Sie motivieren, die sich bietenden Chancen zu nutzen. Erfahren Sie außerdem, wie Sie Ihr Wissen über Innovation und Differenzierung nutzen können, um ihr persönliches Netzwerk gezielt auszubauen.

Carpe diem   Jetzt kommt der schwierige Schritt von »Gewusst wie« zum »Komm, innerer Schweinehund – mach mit!«. Mein innerer Schweinehund ist übrigens nicht allein für meine Trägheit verantwortlich, allerdings versteht er es geschickt, mich für das Nichtstun zu loben. Wir alle sind abhängig von Lob. Noch süßer und verführerischer als Lob ist allerdings Erfolg. Erfolgreich können wir nur sein, wenn wir Chancen erkennen und diese für unsere Differenzierung nutzen. Darum möchte ich das letzte Kapitel mit den Worten des römischen Dichters Horaz einleiten: »Carpe diem!« – »Nutze den Tag!«Dies ist wohl die bekannteste Formulierung und Aufforderung, sein eigenes Glück selbst in die Hand zu nehmen, die Chancen des Moments zu erkennen und das Beste aus jedem Tag zu machen.

Raum für neue Ideen

Nehmen Sie sich Zeit   Haben Sie immer genügend Zeit, beziehungsweise nehmen Sie sich ausreichend Zeit, um neue Ideen zu entwickeln und diese Ideen in die Tat umzusetzen? Die meisten Menschen, die ich kenne, reagieren auf diese Frage mit einem bedächtigen Kopfwackeln. Von links nach rechts, wohlgemerkt, nicht von oben nach unten.

Wie ist das, wenn Sie zum Friseur, zum Zahnarzt oder zur Krankengymnastik gehen? Normalerweise lassen Sie sich einen Termin geben, tragen diesen Termin in Ihren Kalender oder das Outlook ein und schon ist die Zeit fest eingeplant. Daher mein Tipp:

Feste Termine zur Ideenentwicklung   Planen Sie Ihre Zeit für Erfolg und neue Ideen ebenfalls fest ein. Tragen Sie sich Termine in Ihren Kalender ein. Fixieren Sie die Termine mindestens für die kommenden sechs Monate im Voraus. Denn wer von uns kennt schon den Luxus, dass er sagen könnte: »Mal sehen, was ich diese Woche alles erledigen kann.« Normalerweise ist die Woche doch schon ausgebucht, lange bevor sie begonnen hat. Erst wenn Sie sich den zeitlichen Freiraum geschaffen haben, werden Sie auch mit der planmäßigen Ideenentwicklung und methodischen Suche nach Differenzierungs-möglichkeiten beginnen können.

Legen Sie das Buch doch einfach kurz zur Seite und tragen Sie gleich die nächsten Termine ein. Sie wollen wissen, wie viel Zeit Sie einplanen sollen? Diese Frage ist nicht einfach zu beantworten. Es hängt davon ab, was Sie machen und was Sie erreichen wollen. Als Faustformel gilt: Investieren Sie 5 bis 10 Prozent Ihrer Arbeitszeit in zukunftsweisende Differenzierungsmöglichkeiten und neue Ideen.

Merke: Ein altes Sprichwort besagt: Zukunft ist die Zeit, in der man die Dinge bereut, die man heute hätte tun können.

Die nötige Portion Glück

Immer wieder werde ich gefragt: »Kann man neue Ideen planen?« Nein, ich glaube nicht. Innovation im Sinne von neuen Ideen ist nicht planbar und damit auch nicht steuerbar. Man kann neue Ideen nicht »machen«, man muss sie finden. Es lässt sich nicht sagen: Nächstes Quartal werden wir 20 Prozent mehr gute und nutzenorientierte Ideen haben. Allerdings kann man sehr wohl die Wahrscheinlichkeit dafür erhöhen.

Sind neue Ideen planbar?

Was ich damit meine, möchte ich am Beispiel des Roulettes zeigen. Stellen Sie sich bitte ein Roulettespiel vor. Normalerweise finden Sie 50 Prozent schwarze und 50 Prozent rote Felder – die grüne Null vernachlässigen wir. Nun verschieben wir zusammen die Wahrscheinlichkeiten. Stellen Sie sich vor, das Spiel hätte 70 Prozent schwarze und 30 Prozent rote Felder. Die Kugel wird vom Croupier ins Spiel gebracht und es kommt die Ansage: »Rien ne va plus. – Nichts geht mehr.« Können Sie mir jetzt sagen, welche Farbe als nächste kommt? Nein, bestimmt nicht. Zwar wissen Sie, dass mit einer höheren Wahrscheinlichkeit die Farbe Schwarz kommt. Letzten Endes brauchen Sie aber etwas Glück, um einen Treffer zu landen. Und genau so ist es auch bei den innovativen Ideen. Keiner kann wirklich gute Ideen auf Anweisung produzieren. Ohne ein Quäntchen Glück funktioniert das nicht. Allerdings können wir dem Glück sehr wohl auf die Sprünge helfen.

Dem Glück auf die Sprünge helfen

Ein Golfprofi wurde einmal von einem Reporter mit der Frage konfrontiert, ob der perfekte Schlag am zwölften Loch nicht in erster Linie das Resultat von purem Glück gewesen sei, worauf der Golfprofi geantwortet haben soll: »Ja, das war Glück, und wissen Sie, was erstaunlich ist? Je mehr ich trainiere, desto mehr Glück habe ich.«

Sammeln Sie Probleme!

In diesem Sinne möchte ich Sie ermutigen, so viele Probleme anderer Menschen zu sammeln wie irgend möglich, um damit die Wahrscheinlichkeit nutzenorientierter, innovativer Ideen zu erhöhen. Ich bin fest davon überzeugt: Je mehr Sie sammeln, desto mehr Glück und Erfolg werden Sie haben.

> **Merke: Für viele Menschen ist es schwer, gute nutzbringende Ideen zu finden, und das, obwohl es so einfach ist, die Probleme anderer Menschen zu sehen.**

Chancen erkennen und nutzen

Wie letztlich Glück und Erfolg zusammenhängen, das möchte ich Ihnen mit dem Beispiel der »undeutlichen Punkte« zeigen. Schauen Sie sich einmal das folgende Rechteck genau an und versuchen Sie einen der dunkleren Punkte zu fixieren.

Konnten Sie einen der Punkte klar erkennen? Wenn nicht, versuchen Sie es doch einmal systematisch, fangen Sie oben links an und arbeiten Sie sich nach rechts unten durch.

Glauben Sie, Sie hätten mehr Erfolg mit einer klaren Zielvorgabe oder dem Versprechen einer Gratifikation?

Ich glaube, es ist weniger eine Frage der Systematik oder der Zielvorgaben, neue Ideen zu erkennen, als vielmehr eine Frage der Sensibilisierung. Mit den wirklich guten Ideen ist es wie mit den undeutlichen Punkten. Sie sind oft unklar und nur schwer zu erkennen.

Doch dann plötzlich können Sie eine dieser unklaren Ideen deutlich erkennen. Nutzen Sie diese Gelegenheit!

Glück ist es, sich bietende Chancen und Gelegenheiten klar zu erkennen, so wie diesen einen schwarzen Punkt oben im Bild. Erst durch den Fleiß bei der Umsetzung können sie dann zum Erfolg werden.

Daher mein Tipp: Werden Sie aktiv, handeln Sie und nutzen Sie die Chancen.

❗ Merke:
»Drei Dinge sind unwiederbringlich:
Ein gesprochenes Wort,
ein abgeschossener Pfeil
und eine verpasste Gelegenheit.«
Friedrich von Schiller

Keine halben Sachen

Chancen zu erkennen ist eine Sache. Diese Gelegenheiten konsequent und unbeirrt umzusetzen eine andere. Begnügen Sie sich bei der Umsetzung nicht mit Zwischenlösungen oder Mittelmäßigkeiten. Entscheiden Sie sich für die eine oder die andere klare Positionierung und machen Sie keine halben Sachen.

Entweder so…

...oder so!

Wenn wir uns nicht trauen, klar Position zu beziehen, lassen wir uns gern auf faule Kompromisse ein. Ein Kompromiss ist die Lösung eines Konflikts, mit der alle Beteiligten mehr oder weniger unzufrieden sind. Das ganze Leben besteht aus Kompromissen und wir alle wissen: Es kostet viel Energie, einen solchen Mittelweg dauerhaft aufrechtzuerhalten. Nutzen Sie diese Energie besser, um wirklich neue, »konfliktfreie« Lösungen zu finden.

Widersprüche und Konflikte können eine Quelle für echte Innovationen sein. Denken Sie dabei an die widerspruchsorientierten Lösungsmethoden.

Zwischenlösungen vermeiden

Faule Kompromisse tarnen sich gern mit dem Deckmantel der Differenzierung. Wir alle müssen uns differenzieren, aber bitte nicht mit merkwürdigen Zwischenlösungen wie der folgenden!

PS: Manchmal muss man große Opfer bringen, um Dinge zu verdeutlichen.

Innovation, Motivation und die Angst, sich zu blamieren

Ich hatte Ihnen versprochen zu belegen, dass Innovationen nicht an der fehlenden Motivation der Menschen, sondern in erster Linie an der Angst sich zu blamieren scheitern.

In meinen Vorträgen mache ich mit den Teilnehmern dazu folgendes kleines Experiment:

Das Wort Motivation stammt von dem lateinischen Begriff »motus« ab und lässt sich übersetzen mit »die Bewegung« oder »der Beweggrund«.

Ich versuche also meine Zuhörer zu bewegen, etwas zu tun.

Sie als Leser möchte ich motivieren, sich folgende Situation vorzustellen: Circa 500 Teilnehmer sitzen in einem Saal und hören von mir die folgende Aufforderung:

»Liebe Zuhörer, bitte beobachten Sie nun Ihren Vordermann oder Ihren Nebensitzer. Es könnte sein, dass ich unter Ihren Sitz einen 5-Euro-Geldschein geklebt habe.«

Was meinen Sie? Wie viele Zuhörer greifen unter den Sitz oder schauen unter ihren Stuhl? Normalerweise bewegt sich niemand, da sich jeder gewiss ist, dass er gerade beobachtet wird – so wie wir alle im Berufsleben auch immer von Kollegen, Wettbewerbern oder unserem Chef beobachtet werden!

»Wer hat nachgeschaut?«

Blicke von links nach rechts: Keiner! Und warum nicht?

Die Angst vor der Blamage verhindert das Handeln

Die Antwort ist für mich klar. Obwohl sich hier eine unkomplizierte Chance auf 5 Euro bietet, nutzt sie niemand. Keiner möchte sich blamieren. Alle bleiben regungslos auf ihrem Stuhl sitzen und warten darauf, dass sich jemand bewegt.

Da ich den Geldschein selbst unter dem Stuhl von Frau Müller in der zweiten Reihe angebracht habe, fällt es mir nicht schwer, den Zuhörern zu beweisen, dass sich tatsächlich Geldscheine unter den Stühlen befinden.

»Frau Müller, schauen Sie doch bitte einmal unter Ihrem Sitz nach, ob sich dort ein Geldschein finden lässt.«

Sie wissen es schon: Unter dem Sitz von Frau Müller klebt tatsächlich ein 5-Euro-Schein, den sie gleich abzieht und hochhält, womit sie mir bei der Beweisführung hilft.

»Nachdem Sie, liebe Zuhörer, nun gesehen haben, dass sich tatsächlich Geldscheine unter den Sitzen befinden, noch einmal dieselbe Geschichte: Es könnte sein, dass ich unter Ihren Sitz einen 5-Euro-Schein geklebt habe.«

Ein einziger Beweis reicht zur Motivation.

Normalerweise kann ich durch diesen einzigen Beweis mehr als zwei Drittel der Zuhörer motivieren, unter ihrem Sitz nach einem Geldschein zu suchen.

Was können wir daraus ableiten?

Wir alle nutzen nicht die Möglichkeiten. Wir warten auf Beweise. Wir wollen uns nicht blamieren. Wir wollen zuerst wissen, ob es wirklich funktioniert.

Leider wird es im Bereich von echten Innovationen nur ganz selten so sein, dass wir vorab einen Beweis dafür bekommen, dass unsere Idee wirklich funktioniert.

Auch die Sektkelch-Strategie liefert uns keine Beweise. Allerdings bekommen wir durch die unterschiedlichen Blickwinkel und Fragestellungen der Auswahlformel die Sicherheit, dass wir aus einer Vielzahl von Ideen die beste ausgewählt haben. Nun liegt es an uns, diese Chance zu nutzen und in die Tat umzusetzen.

Suchen Sie sich Gleichgesinnte

Innovative Menschen inspirieren sich

Die Suche nach neuen Ideen beschäftigt alle Menschen irgendwann in ihrem Leben. Die einen mehr, die anderen weniger. Nach meiner Erfahrung sind erfolgreiche Menschen in besonderem Maße an neuen Ideen interessiert. Besonders erfolgreiche Menschen haben normalerweise erfahren, dass Erfolg auf Innovation, Differenzierung und Fleiß basiert. Nutzen Sie diese Erkenntnis für sich und ihre Beziehungen zu erfolgreichen Personen. Innovative Menschen sind immer auf der Suche nach Gleichgesinnten und neuen Inspirationen. Begeistern Sie diese Menschen mit neuen Ansätzen.

Ich möchte Ihnen zeigen, dass es gar nicht schwer ist, mithilfe der Sektkelch-Strategie auch Ihr persönliches Netzwerk zu verbessern.

Verbessern Sie Ihr persönliches Netzwerk

Nehmen wir an, Sie suchen schon seit längerer Zeit eine Möglichkeit, wie Sie einen intensiveren Kontakt zu Ihrem Chef oder einem Ihrer wichtigsten Kunden bekommen können. Dann erzählen Sie ihm einmal davon, wie man nutzenorientierte Ideen aus Problemen ableiten kann, welche Methoden es zur Lösung von Problemen gibt, wie man Produkte erfolgreich verschenken kann und wie es möglich ist, den eigenen Bekanntheitsgrad zu steigern. Vielleicht schenken Sie ihm ja sogar dieses Buch und fragen ihn anschließend, ob er nicht Lust hätte, einmal bei einer guten Flasche Wein gemeinsam mit Ihnen über neue Ideen nachzudenken. Fragen Sie ihn, ob er einmal bereit wäre, mit Ihnen über Ihre besten Ideen zu den einzelnen Bereichen zu diskutieren.

Erfolgreiche Menschen freuen sich, wenn sie Partner finden, mit denen sie auf derselben Ebene kommunizieren können. Das Schlimmste, was Ihnen passieren kann, ist ein »Nein danke« als Antwort. Ich möchte Sie motivieren, es einfach zu versuchen. Niemand kann Ihnen vorhersagen, ob es funktioniert, aber Sie haben die Möglichkeit, Ihre Chance zu nutzen.

Schlusswort

Lieber Leser,

ein Buch aus der GABAL Management-Reihe zu lesen, ist für mich immer wie ein kleines wohltuendes Gewitter und jede Inspiration ist wie ein Blitz am Himmel. Auch ich habe versucht, Ihnen einige Blitze der Inspiration an den Himmel zu zaubern.

Der Preis der Vielfalt ist bekanntlich die Wahl. Und so, wie es nicht möglich ist, einen Blitz einzufangen, so wird es auch nicht möglich sein, sofort mehrere oder gar alle vorgestellten Ansätze in Ihren Betrieb oder Ihren Tagesablauf zu integrieren.

Mir würde es gefallen, wenn Sie aus diesem Buch fürs Erste nur eine einzige Idee wie eine kleine Flamme für sich selbst mitnehmen könnten, mit der Sie dann möglichst viele weitere kleine Flammen in Ihrem persönlichen Umfeld entzünden. Es macht keinen Sinn, alles auf einmal zu wollen und zu versuchen.

Kreuzen Sie daher jetzt den Themenpunkt an, der Ihnen am besten gefallen hat, und beginnen Sie ab morgen konsequent mit seiner Umsetzung.

Hier noch einmal die wichtigsten Inhalte in der Zusammenfassung:

☐ Treffen Sie die Entscheidung: Preisführerschaft oder Technologieführerschaft!
☐ Womit können Sie sich vom Wettbewerb differenzieren?
☐ Veranstalten Sie einen Problemworkshop!

- ☐ Bewerten Sie die aktuellen Ideen mithilfe der Auswahlformel!
- ☐ Nutzen Sie gezielt Innovations- und Wissensquellen!
- ☐ Finden Sie neue Ideen, indem Sie Probleme, Lösungen oder den Nutzen ableiten!
- ☐ Erarbeiten Sie Lösungen, indem Sie das Kohl-Prinzip anwenden!
- ☐ Steigern Sie Ihren Bekanntheitsgrad auch mit kleinem Marketingbudget!
- ☐ Erobern Sie neue Kunden!
- ☐ Verschenken Sie erfolgreich die eigenen Produkte!
- ☐ Gewinnen Sie neue Kooperationspartner!

Mein ganz persönlicher Tipp:

Wenn ich Ihnen nur eine einzige Empfehlung aus diesem Buch mitgeben könnte, dann wäre es die folgende:

Machen Sie sich so viel Wissen und so viele Probleme anderer Menschen zugänglich wie irgend möglich!

Nutzen Sie dieses Wissen für innovative und nutzenorientierte Ideen und differenzieren Sie sich damit erfolgreich vom Wettbewerb.

Sie sind verantwortlich für Ihren Erfolg. Dieser Erfolg hängt von Ihrer Differenzierung ab – im Beruf und im Privatleben.

Eine ideenreiche Zeit der Umsetzung wünscht Ihnen
Rüdiger Kohl

Über den Autor

Rüdiger Kohl ist erfolgreicher Unternehmer, Vortragsredner und Buchautor. Nach dem Maschinenbaustudium in Esslingen absolvierte er seinen MBA in Berlin, Chicago und Indiana. Anschließend bekleidete er unterschiedliche Führungspositionen und konnte als einer der jüngsten Prokuristen in einem großen deutschen Konzern seine neuen Ideen und Konzepte etablieren.

»Erfolgreiche Menschen und Unternehmen differenzieren sich nicht über den Preis vom Wettbewerb, sondern gewinnen mit neuen, unvergleichbaren Angeboten die Aufmerksamkeit ihrer Kunden.« Aus diesem Kerngedanken entwickelte Rüdiger Kohl die Sektkelch-Strategie als Innovationsmethode für den Mittelstand. Er arbeitet dabei immer mit denselben wichtigen Ansätzen:

- Großer Erfolg auch bei kleinem Budget
- Aktivierung und Motivation aller Mitarbeiter
- Fokussierung auf profitable Veränderung

Seitdem auch Großunternehmen diese »Erfolgsstrategie für den Mittelstand« für sich entdeckt haben, ist die Sektkelch-Strategie heute in nahezu allen DAX-Unternehmen bekannt.

Mit seinen Vorträgen, Seminaren und Reden begeistert Rüdiger Kohl seine Zuhörer über alle Branchen hinweg für das Thema »Neue Ideen und Differenzierung«. 2005 erhielt er den »Excellence Award« für herausragende Vortragsleistungen. Die Sektkelch-Strategie wurde 2007 mit dem »Business Innovation Award« als herausragende Innovationsstrategie für den Mittelstand ausgezeichnet.

**Begeisternde Vorträge,
Seminare und individuelle
Beratung zu den
vorgestellten Ideen**

Sie möchten Rüdiger Kohl einmal live erleben?

Zu den Gedanken und Ideen aus diesem Buch hält Rüdiger Kohl
Vorträge mit dem Titel »Erfolgsfaktor Innovation – Wer sich
wirklich differenziert, hat keine Konkurrenz«.

Auch Sie sind auf der Suche nach Differenzierungsmöglichkeiten und Märkten ohne Konkurrenz? Lassen Sie uns darüber
reden. Ich bin immer gern für Sie da.

Sie erreichen mich unter

Rüdiger Kohl
Köstlinstr. 176
70499 Stuttgart
Web: www.ruedigerkohl.com
E-Mail: r.kohl@ruedigerkohl.com
Tel.: +49 (0) 711-80 65 78 64
Fax: +49 (0) 711-80 65 78 65

Literatur

Adams, James: *Think*. Econ, Berlin, 2004.

Anderson, Chris: *The Long Tail*. Hanser Wirtschaft, München, 2007.

Borgmann, Michael: *Innovation: Erfolgspfad der deutschen Automobilindustrie*. PricewaterhouseCoopers, Frankfurt am Main, 2006.

comdirect bank Aktiengesellschaft, *Informer-Bereich, Analyse-Bereich*, http://www.comdirect.de.

Dannenberg, Marius: *Informationstechnologie*. Melsungen, 2004.

de Bono, Edward: *Serious Creativity*. Schäffer-Poeschel Verlag, Stuttgart, 1996.

de Bono, Edward: *Six Thinking Hats*. Penguin, London, 2000.

»Dr. Wiedeking«, in: *Transfer. Das Steinbeis Magazin*, Ausgabe 01/06.

Gleiss, Alf-Olav: *Patent-& Lizenzrecht*. Stuttgart, 2005.

Gruber, Marc: *Entrepreneurship*. München, 2003.

Gruber, Marc: *Grundlagen der Unternehmensführung*. München, 2003.

»Ikea-Gründer verplappert sich«, in: *Süddeutsche Zeitung* vom 29.12.2006.

Kelley, Tom: *Das IDEO Innovationsbuch*. Econ, Berlin, 2002.

Kohl, Rüdiger: *Der kontinuierlich verlaufende Innovationsprozess für kleine und mittelständische Unternehmen*. Stuttgart, 2007.

Kotler, Philip / Trias de Bes, Fernando: *Laterales Marketing für echte Innovationen*. Campus, Frankfurt/NewYork, 2005.

Limbeck, Friedhelm: *Lei(d)tfaden der Patentvermarktung*. Institut der deutschen Wirtschaft, Köln, 2004.

Linde, Hansjürgen / Hill, Bernd: *Erfolgreich erfinden*. Hoppenstedt-Verlag, Darmstadt, 1993.

Linde, Hansjürgen: *Strategische Innovationsentwicklung*. Coburg, 2005.

Nolte, Bernd: *Investitionsmanagement*. Stuttgart, 2004.

Nolte, Bernd: *Volkswirtschaft konkret*. Wiley-VCH Verlag, Weinheim, 2003.

»Osborn-Checkliste«, in: *Projektmagzin*, http://www.projektmagazin.de/
glossar/gl-0727.html

Perkins, David: *Geistesblitze*. Campus, Frankfurt / New York, 2001.

Scherer, Hermann: *Sie bekommen nicht, was Sie verdienen, sondern was Sie
verhandeln*. Gabal, Offenbach, 2006.

Schlicksupp, Helmut: *Ideenfindung*. Vogel Verlag, Würzburg, 1999.

Schlicksupp, Helmut: *Innovation, Kreativität und Ideenfindung*. Vogel
Verlag, Würzburg, 2004.

Schnetzler, Nadja: *Die Ideenmaschine*. Wiley-VCH Verlag, Weinheim, 2005.

Sprenger, Dr. Reinhard: »Vortrag – Kernthesen seiner 4 Bestseller«,
München, 2005.

Statistisches Bundesamt: *Insolvenzen und Insolvenzhäufigkeiten von Unternehmen*, Aktualisiert am 16. März 2006, http://www.destatis.de.

Surowiecki, James: *Die Weisheit der Vielen*. Goldmann, München, 2007.

Terninko, John / Zusman, Alla / Zlotin, Boris: *TRIZ. Der Weg zum konkur-
renzlosen Erfolgsprodukt*. Verlag moderne Industrie, Landsberg / Lech,
1998.

Tockenbürger, Lüder: *Innovations- und Technologiemanagement*. Gossau,
2005.

Kim, W. Chan / Mauborgne, Renée: *Der Blaue Ozean als Strategie*. Hanser
Wirtschaft, München, 2005.

Websites

http://www.destatis.de (Statistisches Bundesamt)

http://www.dpma.de (Deutsches Patent- und Markenamt)

www.foerderdatenbank.de (Förderdatenbank des BMWi)

http://www.genostar.de/de/index.htm (Förderdatenbank der Volksbanken)

www.gina-net.de (Verbundprojekt Innovationsprozesse)

http://www.ifm-bonn.org (Institut für den Mittelstand)

www.podcast.de (Podcast-Portal)

http://rzblx1.uni-regensburg.de/ezeit/fl.phtml (Elektronische Zeitschriftenbibliothek)

http://www.triz-online.de (Website über TRIZ-Methode)

http://www.triz.it (Freie TRIZ-Lernplattform)

http://www.tris-europe.com (Beratung über Innovationstools)

www.triz40.com (TRIZ-Tabelle)

http://de.wikipedia.org (Freie Online-Enzyklopädie)

Stichwortverzeichnis

GABAL

069-8

GABAL: Ihr „Netzwerk Lernen" – ein Leben lang

Ihr Gabal-Verlag bietet Ihnen Medien für das persönliche Wachstum und Sicherung der Zukunftsfähigkeit von Personen und Organisationen. „GABAL" gibt es auch als Netzwerk für Austausch, Entwicklung und eigene Weiterbildung, unabhängig von den in Training und Beratung eingesetzten Methoden: GABAL, die **G**esellschaft zur Förderung **A**nwendungsorientierter **B**etriebswirtschaft und **A**ktiver **L**ehrmethoden in Hochschule und Praxis e.V. wurde 1976 von Praktikern aus Wirtschaft und Fachhochschule gegründet. Der Gabal-Verlag ist aus dem Verband heraus entstanden. Annähernd 1.000 Trainer und Berater sowie Verantwortliche aus der Personalentwicklung sind derzeit Mitglied.

Die Mitgliedschaft gibt es quasi ab 0 Euro!
Aktive Mitglieder holen sich den Jahresbeitrag über geldwerte Vorteil zu mehr als 100% zurück: Medien-Gutschein und Gratis-Abos, Vorteils-Eintritt bei Veranstaltungen und Fachmessen. **Hier treffen Sie Gleichgesinnte, wann, wo und wie Sie möchten:**

- Internet: Aktuelle Themen der Weiterbildung im Überblick, wichtige Termine immer greifbar, Thesen-Papiere und gesichertes Know-how inform von White-papers gratis abrufen
- Regionalgruppe: auch ganz in Ihrer Nähe finden Treffen und Veranstaltungen von GABAL statt – Menschen und Methoden in Aktion kennen lernen
- Jahres-Symposium: Schnuppern Sie die legendäre „GABAL-Atmosphäre" und diskutieren Sie auch mit „Größen" und „Trendsettern" der Branche.

Über Veröffentlichungen auf der Website (Links, White-papers) steigen Mitglieder „im Ansehen" der Internet-Suchmaschinen.
Neugierig geworden? Informieren Sie sich am besten gleich!

Lernen Sie das Netzwerk Lernen unverbindlich kennen.
Die aktuellen Termine und Themen finden Sie im Web unter **www.gabal.de**.
E-Mail: info@gabal.de.

Telefonisch erreichen Sie uns per 06132.509 50-90.

„Es ist viel passiert, seit Gründung von GABAL: Was 1976 als Paukenschlag begann, ... wirkt weit in die Bildungs-Branche hinein: Nachhaltig Wissen und Können für künftiges Wirken schaffen ..."
(Prof. Dr. Hardy Wagner, Gründer GABAL e.V.)